LES
ORIGINES ET LES FINS

COSMOGONIE

SOUS LA DICTÉE

DE TROIS DUALITÉS DIFFÉRENTES DE L'ESPACE

> Il n'y a de surnaturel que par le fait de l'ignorance humaine ; l'invisible comme le visible obéit à des lois communes et naturelles.
>
> (F. H. S.)

PARIS

LIBRAIRIE des SCIENCES PSYCHOLOGIQUES | LIBRAIRIE G. CARRÉ
1, RUE CHABANAIS, 1 | 58, RUE SAINT-ANDRÉ-DES-ARTS

1889

LES

ORIGINES ET LES FINS

Je me suis chargé de présenter au public cette œuvre étrange qui, dès les premières pages, se recommandera par elle-même.

Étrange pour la plupart des lecteurs, peu au courant des procédés de la force inconnue qui produit ces phénomènes psychiques, neuriques, magnétiques, spirites, encore en horreur à nos sciences officielles ; étrange pour les spirites eux-mêmes, entendant parler pour la première fois des dualités de l'espace, dont la dispersion et la reconstitution expliquent d'une façon si neuve et si touchante le mystère de la vie et les relations des êtres ; étrange aussi peut-être pour les professeurs de la cosmogonie secrète de l'Inde, de laquelle quelques points de cette théorie semblent être comme un reflet lumineux, chauffé par un rayon d'amour.

— Vous m'avez affirmé que vous ne saviez absolument rien de l'ésotérisme hindou, ni de la science secrète d'aucun pays, mesdames ; que ces expressions cabalistiques, *élémentaires, lumière astrale*, tombées de votre plume tenue par une main inconsciente, vous avaient plongées d'abord dans la stupéfaction, et que vous aviez été des mois et même des années avant de comprendre bien clairement les choses si nouvelles que vos mystérieux inspirateurs vous faisaient écrire ; vous ne saviez rien non plus et vous ne savez rien encore de la dualité première, découverte par Von Hartmann dans le non-être de l'Inconscient, et dont les dualités secondaires qui, selon l'enseignement de vos maîtres, s'émiettent dans l'espace pour constituer les mondes, semblent être la contre-partie.

Sauf les spirites convaincus et le petit nombre d'esprits indépendants, qui ne déclarent pas impossible ce qu'ils ne peuvent comprendre, les moins sceptiques et les plus bienveillants n'admettront pas que cette cosmogonie vous soit venue du dehors, et n'était pas en germe dans un de vos trois cerveaux, gardant à son insu la mémoire d'une lecture ou d'une parole oubliée. Il est vrai que cette explication du développement méthodique de tout un système de haute métaphysique inconsciemment produit par trois dames de la bourgeoisie lyonnaise, primitivement réunies autour d'une table pour consoler l'une d'entr'elles, en essayant, selon le procédé spirite, de communiquer avec un cher mort, serait, pour le moins, aussi merveilleuse qu'une communication réelle aveo l'invisible.

En dehors de ces deux hypothéses, il n'y a cependant plus qu'une chose possible : c'est que vous soyez les inventeurs conscients de cette doctrine que, pour lui donner plus de prestige, vous enveloppez de mystère ; mais n'y aurait-il pas quelque chose de plus merveilleux encore dans cette rencontre, sur les bords du Rhône, de trois métaphysiciennes assez fortes pour construire de toutes pièces une genèse universelle qui relie l'occultisme ancien au spiritisme moderne, et déclare donner sur l'éternel problème le dernier mot de la révélation?

_____

Le manuscrit m'est arrivé par l'intermédiaire d'une amie commune. On me demandait timidement mon opinion sur ces *dictées*, et je n'en ai abordé la lecture qu'avec une défiance justifiée par les fréquentes banalités de ces communications d'outre-tombe. La présente publication, confiée à mes soins, indique ma réponse. Le lecteur jugera si j'ai eu raison.

J'ai fait imprimer, sans y changer un mot,

ce *cours* de cosmogonie mêlé d'exhortations et d'encouragements, un peu trop répétés peut-être ; mais dans ces productions qui sortent du cadre des facultés humaines connues, on doit tout respecter, même les défauts.

On verra du reste que les dualités de l'espace manient très convenablement la langue française, sauf les redites inévitables dans ces leçons données par séances irrégulières, et dont la plupart sont si courtes que le texte explicatif contient à peine quelques lignes de plus que le sommaire à développer.

« Les sommaires, m'écrit une de ces dames,
« nous ont été donnés, comme le reste, par
« l'écriture mécanique. L'une de nous mettait
« la main sur les doigts qui tenaient la plume,
« et, tout en continuant notre conversation,
« nous écrivions des choses complètement en
« dehors de nos causeries. Le *questionnaire*
« a été dicté de la même façon. Vous compre-
« nez que ce n'est pas sans peine que cette
« genèse a pu arriver jusqu'à nos cerveaux,
« et que nos collaborateurs invisibles ont dû
« s'y prendre de plusieurs manières pour nous
« transmettre le résultat de leurs recherches. »

Donc voici cette Genèse, à laquelle, pour ma part, je ne connais pas d'ancêtre dans le monde des idées, et qui est aussi remarquable par l'étrangeté de la provenance que par la nouveauté de la conception.

Je la recommande à ceux qui cherchent plus loin que le visible et le tangible d'aujour-d'hui, la solution des mystères de l'âme, et j'appelle, sur cette production spirite, l'attention des savants penseurs qui nous apportent, du fond de l'Asie, l'enseignement des vieux sanctuaires. Ils y trouveront, sous d'autres noms et dans une autre forme, le Parabhram, les Dhyan-Chohans, la descente de l'esprit dans la matière, et son retour à l'unité à travers les stages de la vie, par le fait permanent d'une solidarité qui, si elle n'est pas la loi de la création, est une belle création de la créature. Peut-être cette parenté avec leur doctrine les réconciliera-t-elle un peu avec la médiumnité.

Eugène Nus.

Après ces explications, on comprendra mieux la notice ci-dessous envoyée par ces dames pour figurer en tête du volume :

Trois mères de famille lyonnaises ont obtenu, par l'écriture mécanique, en superposant leurs mains les unes sur les autres, les pages qui suivent.

PRÉFACE

L'heure est venue de dévoiler à l'humanité terrienne les secrets dont le germe a existé de tout temps, et dont l'intuition, après avoir traversé les âges, vous est arrivée comme un point d'interrogation posé devant vos esprits chercheurs et avides.

C'est par la voie mystérieuse d'un commerce inconnu jusqu'ici que vous parviendra la vérité, objet de vos désirs et but de vos efforts. La glorieuse phalange d'esprits élevés qui planent au-dessus de votre globe arriéré, s'ébranle et descend vous apporter la bonne nouvelle de l'espérance, ainsi que la connaissance des mystères de l'infini. La solution de ces problèmes grandioses demande, pour être comprise, un degré d'intelligence et de moralité auquel peu d'entre vous sont encore parvenus. Avant d'élaborer ce travail qui a pour but de vous faire entrevoir le plan de la création, le

secret de la vie universelle et le pourquoi de
votre existence, il est bon de faire un retour
sur vous-mêmes et de constater le peu d'efforts
faits jusqu'ici pour sonder ces abîmes mystérieux. A part quelques philosophes de l'antiquité et quelques penseurs des temps modernes, qui donc a vraiment cherché à s'éclairer
sur le but de sa vie et le pourquoi de son être?
Tout entier aux jouissances de la vie matérielle, l'homme moderne, sorti des langes d'une
enfance intellectuelle et morale, prolongée
outre mesure par l'étroitesse de vos conceptions religieuses, ne voit dans les leçons données par la mort, qu'un sujet d'étonnement et
d'effroi. Bien loin de vouloir étudier le problème qui s'en dégage, il repousse systémati-
quement tout ce qui pourrait l'inviter à jeter
au-delà de la tombe un regard perspicace.
Mais l'heure des frayeurs et des hésitations
puériles a pris fin ; de toutes parts se font entendre ces appels répétés qui invitent les incarnés à s'unir à leurs frères de l'espace, pour
étudier ensemble les secrets de la vie extra-
terrestre.

Arrière donc toute méfiance et tout sentiment de crainte exagérée ! que, fermes, con-
fiants, résolus, vous marchiez hardiment dans

la voie ouverte devant vos pas, voie où vous précèdent des frères et des amis invisibles ; que tous, petits et grands, instruits ou ignorants, veniez avec empressement puiser à la source féconde où chacun pourra boire à longs traits cette eau vivifiante dont parlait le Christ à la Samaritaine, source qui désaltère à jamais ceux qui sont dignes d'y tremper leurs lèvres desséchées.

Venez à nous, savants, qui étudiez dans vos laboratoires les forces cachées de la nature ; médecins qui, dans vos expériences scientifiques, cherchez à surprendre le secret de la vie ; et vous, législateurs, qui rêvez d'une organisation sociale moins défectueuse, venez à nous ! Nous travaillerons en commun et apporterons notre part de lumière et de clarté à l'œuvre entreprise. Aux uns, nous dévoilerons les secrets ravis au temple merveilleux dans lequel se condensent les forces créatrices ; aux autres, nous révèlerons les lois perfectionnées qui régissent les mondes supérieurs ; à tous nous apprendrons ce premier et sublime devoir qui a nom *loi solidaire*, loi sublime qui fera de vous des frères, lorsque vous connaîtrez votre point de départ et le but auquel nous tendons tous. Bientôt de nouvelles voix, plus autorisées que les nôtres, feront entendre des appels plus forts et mieux écoutés ; ces accents énergiques rallieront sous un même drapeau les mortels égarés par le fanatisme religieux ou les erreurs d'une politique étroite et aveugle. En attendant, frères, joignez-vous à nous, et recevez avec reconnaissance ces bribes de vérité, étincelles dérobées au brillant foyer qui a nom : l'Infini.

PREMIÈRE PARTIE

LES ORIGINES

ÉTUDE DES FLUIDES

APPLICATION DES FLUIDES

LES ORIGINES

I

Dieu... l'Infini... les dualités du premier degré de
l'infini... leurs noms... la couleur de leurs feux,..
leur désir... pourquoi ce désir.

Quelle voix de l'espace se croira assez auto-
risée, quelle plume, tenue par des mains humaines, sera assez audacieuse pour entreprendre de définir ces mots profonds : Dieu,
l'Infini ? Tout ce que l'intelligence la plus subtile, tout ce que la conception la plus élevée
ont pu essayer de formuler, jusqu'ici, n'a été
qu'une hypothèse vide et sans portée. Mais les
temps sont venus où, aidé par nous, l'esprit
chercheur et sérieux peut jeter un regard scru-
tateur sur les profondeurs lumineuses qui cir-
conscrivent l'espace : de ces profondeurs
surgissent les forces puissantes qui animent
la création et donnent l'impulsion à tout ce
qui se meut.

Ce foyer intense, ce moteur universel de tout ce qui existe, Dieu, en un mot, ne vous apparaît plus comme l'Être circonscrit et borné que les religions offrent à l'adoration humaine, mais bien comme la glorieuse synthèse, formée de ces deux forces distinctes : la *volonté* qui peut tout, l'*amour* qui embrasse tout. C'est dans ce foyer lumineux que se trouve l'espace, dans lequel se meuvent les innombrables mondes de la création et les humanités qui les peuplent. Malgré l'immensité de cet espace, qu'aucun œil créé ne peut embrasser, il se perd dans l'infini, comme la tache invisible, que découvre le télescope, se perd dans l'étendue de votre globe solaire.

Qu'est-ce donc que notre moi infime en face de cette grandeur souveraine ? quelles attaches nous unissent au grand Tout devant lequel nos esprits s'arrêtent surpris et confondus ?

Au premier degré de cet Infini sans bornes arrivent incessamment les voyageurs de l'espace, ayant subi dans leur laborieux trajet, les multiples transformations nécessaires à leur progrès. Ces voyageurs reviennent à leur point de départ, formant des Unités assez complètes, assez épurées pour mériter de pénétrer plus avant dans ces lumineuses profondeurs.

Laissant alors échapper de leurs foyers les bribes de fluides, non complètement épurées, qui entraveraient leur essor, elles s'élancent, joyeuses, dans ce deuxième degré de l'infini dont aucune conception de l'espace ne peut entrevoir la splendeur. Ces bribes séparées de leur centre brûlant d'attraction, constituent les dualités appelées à commencer le douloureux travail de l'animation de la matière et à parcourir, à leur tour, les étapes multiples de la gravitation progressive. Conscientes d'elles-mêmes, ces dualités, composées de deux forces ou flammes (la volonté ou intelligence, l'idéal ou amour), dardent sur la création entière les feux épanouis de leurs foyers incandescents; foyers qui contribuent à entretenir au sein de l'espace la chaleur, la lumière et la vie. Flammes détachées d'un faisceau lumineux, lueurs pénétrantes portant au loin le reflet de leur transparent éclat, qu'elles soient la volonté qui s'impose ou l'amour qui sollicite, on retrouve en elles l'écho affaibli de la volonté suprême et de l'universel amour.

Comment vous représenter ces forces inconnues dont votre enveloppe charnelle vous empêche de saisir la radieuse clarté? La volonté, n'est-ce pas ce feu d'un rouge ardent qui éblouit le regard? L'amour, cette lueur bleu-tendre qui s'insinue et pénètre à des profondeurs insondables? Ne percevez-vous pas, au fond de vous-mêmes, les étincelles de ces foyers, étincelles plus ou moins nombreuses qui composent l'âme humaine?

Avant de décrire les phases multiples qu'a traversées l'esprit ou âme de l'homme, avant d'arriver à ce moi conscient, dont vous êtes si fiers à juste titre, il est bon d'indiquer la force irrésistible qui pousse les dualités à quitter le foyer qu'elles contribuent à entretenir, pour s'élancer dans l'espace et animer la matière. Le désir de se pénétrer et de réunir en un faisceau d'une transparente blancheur leurs flammes distinctes, ce désir seul explique leur départ et éclaire d'un jour suffisant ces origines lointaines et glorieuses.

II

Les atomes mornes se mouvant inconscients et attristés... leur groupement pour former la molécule... espace, ombre et glace... atomes ou vie
première, sans prescience.

C'est dans cette portion minime de l'infini,
que vous nommez l'espace, que se meuvent les
mornes atomes, poussière impalpable dont le
groupement constitue la molécule matérielle.

Ces atomes inconscients se composent des
détritus de fluides lourds que rejettent les êtres
à chaque étage de leur incessante gravitation.

Nous étudierons plus tard en détail la formation de la matière, mais, dès maintenant,
nous devons constater que, pas mieux que vous,
nous ne connaissons la cause de ce travail
permanent qui lance les atomes au sein de l'espace ; pas plus que vous, nous ne comprenons
le pourquoi de la loi qui préside à leurs conti-
nuelles évolutions. Ce secret appartient à l'infini et nous ne sommes tous que des voyageurs
de l'espace !

Mais le champ sans limites, ouvert à nos investigations, est un sol fécond qui nous réserve une moisson abondante; cette moisson sera, tout à la fois, la nourriture de nos esprits avides et la récompense de nos courageux efforts!

C'est donc dans cet espace peuplé d'atomes attristés, car l'étincelle divine manque à leur vie inconsciente, que se déroule l'interminable série de nos multiples transformations.

L'atome, plongé dans les profondeurs sombres de l'immensité où le degré de ténèbres et de froid se mesure à son éloignement de l'infini, l'atome, dis-je, attiré par la force attractive qui lui imprime le mouvement, se réunit à d'autres atomes, formant des groupements sans initiative et sans prescience; molécules inconscientes de leurs futures destinées.

III

Elancement des dualités,.. de quoi provient le choc
qui les subdivise en innombrables parcelles lumineuses et conscientes... groupements d'atomes
attirés par la chaleur et la lumière... bien-être
imprévu qui les fait accourir.

Nous avons dit que les dualités du premier
degré de l'infini, poussées par l'irrésistible
désir de se pénétrer afin de former leur unité,
se lançaient dans l'espace pour en accomplir
le vigoureux travail. Sachons bien que ces
dualités composées de deux forces ou flammes,
l'une rouge, la volonté, l'autre bleue, l'amour,
partent conscientes et résolues. L'idéal, qui
toujours aspire, entraîne la volonté qui ré-
siste, prévoyant les obstacles et les dangers.

A peine séparés de leur foyer brûlant, l'idéa
regrette son départ et veut retourner en arrière. C'est alors que la volonté s'impose, et,
de ce combat étrange, résulte le choc terrible
qui les subdivise et éparpille en innombrables
parcelles les forces désunies de la dualité

voyageuse. Quel n'est pas l'effroi ressenti par chaque étincelle de ce foyer dissous, gardant sa part de conscience et de vie, et se voyant séparée de son centre d'attraction! Éperdues, les parcelles volent dans toutes les directions, s'enfonçant, aiguillonnées par la peur, dans les sombres profondeurs de l'immensité.

Attirés par leur éclat, les groupements d'atomes accourent s'unir à elles et puiser à leur contact les éléments de chaleur et de lumière qui leur procurent un bien-être inattendu.

Quelque étrange que nous paraisse cette subdivision de la dualité, elle est imposée par la loi d'affinité qui préside à l'union de l'esprit et de la matière. Cette loi oblige les groupements de molécules (ou infiniment petit de la matière) à s'unir à la parcelle (ou infiniment petit du principe spirituel), pour former avec elle l'élément constitutif des mondes de la création.

IV

Formation d'un monde... mouvement de la force attractive et rotative... rôle que la lumière et la chaleur des parcelles y jouent,

Notre science moderne a étudié le secret de la formation des mondes, sans cependant pouvoir se rendre compte encore du principe vital qui anime la matière. Le principe vital ou spirituel n'est autre que les parcelles lumineuses dont l'union aux molécules matérielles forme des groupements gazeux et transparents. Entraînés par la double force, attractive et rotative, qui leur imprime un mouvement régulier de vitesse et de concentration, ces groupements se condensent et forment les innombrables nébuleuses d'où se détachent peu à peu les mondes nouveaux. Ces sphères incandescentes, où bouillonne la matière en fusion, restent soumises aux lois qui ont réglé leur départ et c'est en conservant leurs mouvements divers, qu'elles se lancent à travers l'immensité.

Les parcelles prennent une part active au travail de la matière en ébullition ; elles éliminent de leur sein les gaz dont le mélange produira les éléments propres au développement de la vie et, par la combinaison de leur lumière et de leur chaleur, elles donnent l'essor aux forces créatrices appelées à les seconder dans l'important travail qu'elles doivent accomplir.

V

Animation des infusoires après les siècles de bouillement... époque terrible où les pauvres parcelles affolées se demandent comment elles se dépêtreront de cette masse lugubre qu'elles subissent.

Le premier résultat obtenu par l'effort des parcelles, désireuses d'échapper à l'étreinte de la masse de matière qui les enserre, se traduit par leur transformation en infusoires ou ferments de vie, se produisant au sein de l'élément liquide.

Les premiers âges du monde remontant à une prodigieuse antiquité, c'est par milliers de siècles que vous devez compter les périodes déjà traversées par votre globe. Eh bien ! c'est pendant de longs siècles d'ébullition que les parcelles effrayées cherchent à se reconnaître et à démêler, dans cet amas de substances diverses, les parties éparses de leurs dualités respectives. Empressées d'arriver à la lumière, sur la terre à peine refroidie, elles commencent leur mystérieux travail et posent les bases de leurs futures transformations.

Quelle grandiose idée vous donne du pouvoir créateur la vue de ce germe imperceptible d'où sortira le minime infusoire, germe qui possède, néanmoins, le double élément, spirituel et matériel, que vous retrouverez également dans chaque type de cette vie universelle, si étendue et si variée!

VI

Efforts impossibles que font les parcelles pour reconstituer leurs dualités, efforts qui n'aboutissent qu'à développer les multiples types et l'état des germes qui préparent les trois règnes..., aperçu général de ces règnes.

Nous ne saurions appeler trop vivement votre attention sur les efforts inouïs tentés par les parcelles pour se réunir et reconstituer leurs dualités respectives. Ces efforts produisent un double résultat : la transformation de la matière en substance de plus en plus épurée, et le progrès incessant des parcelles se réunissant à celles de leur milieu, à chaque évolution progressive, épuration et reconstitution qui résument tout le travail des mondes inférieurs.

Occupons-nous d'abord de l'effet produit sur la matière, et constatons-en les résultats sur tous les états de la création. Nous avons vu que la première transformation opérée par l'effort des parcelles désireuses d'arriver à la lumière, se traduisait par la naissance des infusoires, premier type de la vie sur un globe nouveau.

Votre science géologique vous a appris que de ces détritus d'infusoires se formait le règne minéral dans lequel existe un principe vital reconnu, mais non expliqué.

Après avoir subi, dans les différentes formes de ce règne, l'élaboration nécessaire, les parcelles s'en échappent et font leur entrée dans les germes du règne végétal; ensuite, de plus en plus groupées, elles s'élancent dans le règne animal qui les conduit lentement à ce degré supérieur de l'humanité primitive. Ces notions, qui vous paraissent obscures, seront le point de départ d'une science nouvelle, basée sur des assises certaines. Cette science mettra fin à des doutes, à des contestations pénibles, pour vous placer enfin sur la route large et facile qui conduit à la vérité.

VII

Rôle de la parcelle isolée... petits groupements peu appréciables pour les animaux... groupements sensibles pour l'homme.

Le travail accompli au sein des ondes phosphorescentes d'un monde en formation, a permis aux parcelles isolées de s'échapper de la masse de matière qui les enserrait et d'arriver à la lumière sous la forme d'infusoires. Ce premier progrès n'est que le prélude des nombreuses transformations que doit subir la parcelle, avant d'atteindre à sa glorieuse destinée. N'oublions pas que le but suprême de ses efforts est de se réunir aux parcelles de sa dualité pour reconstituer avec elles le foyer lumineux dont elle s'est détachée. Combien serait insuffisant, au sein d'un monde nouveau, l'effort de la parcelle isolée, ne pouvant s'élever au delà de ce type inférieur du chétif infusoire, et comme il est facile de comprendre le désir et le besoin qui la poussent à se réunir à ses sœurs, afin de multiplier les germes de la création et préparer les divers règnes de la nature! Le progrès de votre science vous permettra, sous peu, de jeter au fond des ondes liquides ou dans les profondeurs terrestres un regard perspicace vous faisant saisir le secret de ces mystérieuses évolutions qui changent l'état des êtres, sans en détruire les éléments. En attendant, suivez-nous dans cette étude féconde des forces cachées de la nature et sachez en apprécier toute l'importance.

Si vous observez les manifestations de la vie dans les différentes formes des trois règnes, vous en remarquez le développement continu et progressif. Le groupement de plus en plus accentué des parcelles vous l'explique et vous donne une solution aussi simple que rationnelle. En effet, ce qui constitue l'instinct chez les animaux ne vous semble-t-il pas une faible étincelle jaillie d'un foyer en formation? Et ne comprenez-vous pas que, chez l'être humain, ce foyer plus intense et plus complet, s'est formé par la réunion d'une multitude d'autres foyers?

Cette progression de la vie, qui fait remonter votre origine bien au delà de la série animale, ne doit ni vous étonner ni vous humilier. Rien n'est isolé, rien n'est petit dans l'œuvre immense de la création, et le génie sublime qui préside à ses destins se montre aussi grand dans la confection du brin d'herbe, que dans l'élaboration des parcelles lumineuses dont se compose l'âme humaine.

VIII

Ici commence le développement du travail spirituel,
ou commencement du règne de la pensée.

Avant d'aller plus loin, constatons une chose :
c'est que tout ce que le génie humain le plus
complet, tout ce que la science terrestre la
plus avancée ont pu essayer de formuler sur
ce mot : la pensée, n'a été qu'une hypothèse
insuffisante ou téméraire. L'idée de Dieu et
celle de l'âme ont été les deux pôles extrêmes, toujours poursuivis, jamais atteints !

Mais l'heure est arrivée où l'inspiration
insaisissable, que vous recevez du monde
invisible, peut vous mettre sur la voie qui
vous amènera tous à comprendre la vérité.

Si vous avez saisi nos explications précédentes, il vous est facile de constater le résultat de cette lente reconstitution des parcelles
d'une même dualité, et d'en apprécier toute
l'importance.

Vous avez vu ce flambeau vacillant de l'intelligence animale se fortifier peu à peu et arriver à l'homme, assez intense pour pouvoir projeter au loin le rayonnement de son foyer lumineux.

Voilà donc commencé ce règne de la pensée qui vous sacre rois parmi les êtres de la création et vous permet de jeter vos regards étonnés, aussi bien sur le passé lointain où se perdent vos origines, que sur l'avenir glorieux vers lequel vous marchez. Relevez donc vos fronts courbés, apprenez à connaître vos transformations passées et futures, et sachez élever, vers la suprême intelligence de qui nous dépendons tous, les élans de vos cœurs reconnaissants, puisqu'elle vous permet de cueillir enfin la fleur précieuse de l'espérance et du souvenir!

IX

**Premiers groupements d'idéal... vie patriarcale...
asservissement des animaux.**

La tradition aussi ancienne que générale, qui vous parle d'un âge d'or régnant sur le monde, au début de l'humanité pensante, vous est expliquée par les groupements de parcelles d'idéal précédant leurs sœurs, plus lentes à se reconstituer.

Le résultat de ces groupements vous représente cette vie patriarcale dont la genèse de toutes les religions contient le récit. Il est facile de saisir le contraste frappant existant entre la vie de ces anciens patriarches rassemblant autour d'eux les nombreuses tribus dont se composaient leur familles, et celle des peuples voisins plus inférieurs et plus arriérés. Tandis que ceux-ci détruisent les animaux pour se nourrir de leur chair, ceux-là s'occupent à asservir et à multiplier les races animales dont ils entrevoient l'utilité.

Au sein des plaines fécondes de la Chaldée,

ou dans les vallées ombreuses de l'Inde primitive, représentez-vous ces bergers, vivant en
plein air et étudiant les constellations célestes
dont les signes, reproduits à cette époque
lointaine, sont parvenus jusqu'à vous. Ces premières observations ont posé les bases de la
science astronomique, encore chez vous à
l'état d'enfance; science dont les progrès, en
se développant, vous aideront à reconstituer
les origines de l'humanité et vous découvri-
ront des secrets importants, connus dès la plus
haute antiquité.

X

Premiers groupements de vouloir... domination
sanguinaire... l'esclavage.

A cette ère douce et calme de la vie patriarcale, succède l'arrivée des groupements de
volonté qui vont changer les conditions de la
vie terrestre. Les scènes paisibles et cham-
pêtres font place aux terreurs et aux angoisses
de la guerre ; les doux et simples pasteurs
conduisant leurs troupeaux, sont remplacés
par les farouches conquérants, entraînant les
peuples aux combats et semant autour d'eux
la ruine et le deuil. La terre se partage en
deux camps : les oppresseurs d'un côté, les
asservis de l'autre.

C'est alors que se produisent les invasions
étrangères qui amènent les hordes barbares
au sein des civilisations corrompues ; invasions
dont le résultat est de porter au loin les éléments de la science et du progrès. Admirez les
effets de cette Intelligence suprême qui préside
aux destinées humaines. Elle sait tirer le bien

général du malheur particulier d'une nation, et c'est en vous imposant la domination arbitraire et oppressive, qu'elle développe en vos âmes le sentiment de la justice et de la liberté qui doit vous amener à briser vos chaînes et à vous tendre réciproquement une main fraternelle et amie. N'oubliez pas surtout que, par un juste retour et en vertu de cette loi de la réincarnation, à laquelle nous sommes tous soumis, l'oppresseur d'aujourd'hui sera l'opprimé de demain.

XI

Suite des groupements de vouloir... possession do-
minante... abus de la force d'un coté, résignation
de l'autre ; puis instincts de révolte.

Nous avons étudié, sous un jour nouveau,
les diverses périodes de l'histoire des nations.
La clarté qui en jaillit vous aide à reconstituer
la genèse antique sur des bases nouvelles.

Vous savez donc que toutes les époques où
dominent les parcelles d'idéal, se traduisent
par la vie calme, les instincts honnêtes, le pouvoir paternel et modéré et le progrès d'une
civilisation active et bienfaisante. De même la
période dans laquelle se groupent les parcelles
de volonté, vous apparaît avec ses conséquences désastreuses : domination despotique
engendrant l'esclavage et faisant couler des
flots de sang et de larmes; abus de la force
produisant, d'une part, l'oppression arbitraire,
de l'autre, la résignation découragée.

A ces tableaux se joignent d'autres scènes
qui, pour être plus modernes, n'en sont pas

moins affligeantes, et vous montrent que l'équilibre est loin d'être établi en vous.

Si vous observez ce qui se passe au sein des nations les plus civilisées, vous voyez partout le pouvoir arbitraire, éloignant du banquet de la vie les prolétaires de tous les pays et s'exposant aux revendications produites par le suprême effort de l'esprit audacieux, désireux de jouir du bien-être et de la liberté.

Cessez donc de vous étonner de cet état de choses ; tant que, parmi vous, la force primera le droit, les flots de la révolte populaire étendront au loin les ravages d'un débordement fâcheux, mais nécessaire.

XII

Groupements mixtes... naissance du juste... avéne-
ment du règne de la sage raison.

Détournons nos regards de ces points noirs
qui grandissent à l'horizon terrestre, et repor-
tons-les au-delà de cette région troublée.

Ne pressentez-vous pas, au milieu de vous,
la prochaine apparition d'êtres nouveaux dont
l'esprit pondéré, l'âme élevée, les instincts
délicats, la haute intelligence personnifient
l'accord établi entre les éléments de leur
essence spirituelle?

Aussi portés vers l'idéal que mesurés dans
les actes de leur sage volonté, ne réalisent-ils
pas la conception de l'être humain plus avancé,
plus complet que vous? Si vous étudiez le passé
de votre humanité, vous retrouvez, à toutes les
époques et sous toutes les latitudes, de rares
apparitions de ces génies supérieurs venant,
tantôt seuls, tantôt groupés, apporter quelque
lueur de vérité à votre terre ténébreuse. Ces
apôtres de la liberté et du progrès sont nos
devanciers et nos modèles.

Essayons, à notre tour, de marcher sur leurs traces, afin d'amener nos jeunes frères à cette raison sage, à cette justice éclairée qui, seules, permettront d'apporter à tous les rouages de votre vie civile, politique et religieuse, les améliorations nécessaires. En attendant cette ère prospère, à laquelle nous aspirons tous, travaillons, chacun dans la mesure de nos forces, à étendre et perfectionner les facultés de nos âmes. Travaillons surtout à développer en nos cœurs ce sentiment de la vraie fraternité, sentiment sans lequel ne peut s'opérer la complète reconstitution de nos parcelles. Ce n'est que par l'achèvement de ce travail de Titan, pour lequel les siècles ont la durée de l'éclair, que nous mériterons de nous élever vers les hauteurs supérieures de l'espace, qui confinent à l'infini, où tout est clair et lumineux. Alors, nous atteindrons ce sublime idéal qui fera de nous des christs, prêts à donner leur vie pour remplir la noble mission de venir jeter quelques étincelles de vérité au sein d'une humanité ignorante et grossière.

XIII

Coup d'œil rétrospectif... le pourquoi et le comment
de la vie présente... la mort des enfants.

Avant de poursuivre notre travail, il est utile
de résumer les notions que nous avons successivement développées et d'en tirer des conclu-
sions pratiques et morales. Nous avons vu
l'esprit, à son origine, c'est-à-dire la dualité
formée de fluides non complètement épurés, se
détachant de l'Unité et se lançant dans l'espace
pour animer la matière et parcourir à son tour
les degrés de la gravitation progressive. Nous
avons étudié la façon dont se produit le choc
qui éparpille la dualité en innombrables parcelles, aptes à s'unir à la molécule matérielle.
Nous avons nommé les lois qui président à la
formation des mondes et parlé des deux forces,
attractive et rotative, qui impriment aux groupements leurs mouvements divers. Nous avons
vu le monde nouveau, se séparant de la nébu-
leuse et emportant, à travers l'espace, son

composé de parcelles effrayées et de molécules inconscientes. Le travail des parcelles, désireuses d'arriver à la lumière, nous a montré la première apparition de la vie, sous la forme d'infusoires, dont les détritus composent le règne minéral d'où les parcelles s'échappent avec peine pour entrer dans les germes du règne végétal.

En observant la progression constante de la vie dans les trois règnes de la nature, nous avons constaté la lente reconstitution des parcelles jusqu'à ce degré plus avancé qui s'appelle l'âme ou esprit de l'homme.

Cette éclosion de la pensée, qui fait de nous des êtres conscients, nous a rendu fiers de notre origine et glorieux de notre avenir.

Il nous reste encore à expliquer le pourquoi de la vie présente qui condamne les uns aux durs labeurs de la lutte pour l'existence matérielle et attire les autres aux premiers efforts de la vie intelligente ou spirituelle. De quelque façon que s'accomplisse la tâche terrestre, qu'elle soit imposée par la loi qui soumet l'incarné à la souffrance efficace, ou librement entreprise par l'esprit conscient, elle est toujours ingrate et douloureuse. Mais, si vous avez compris la haute vérité qui se dégage de

nos explications, vous savez que la vie présente n'est qu'un état transitoire, une courte
étape se perdant dans la série de nos innombrables évolutions; vous savez que ces peines
et ces épreuves pénibles ne sont qu'un acheminement à un état plus parfait, à une vie
supérieure.

Si la mort des jeunes enfants vous étonne et
vous confond, nous pouvons vous dire qu'elle
est, ou le résultat d'un dévouement qui impose
aux parents un sacrifice nécessaire à leur progrès, ou le rappel d'une âme, attirée par son
groupement supérieur, avant d'avoir pu faire
usage de son libre arbitre.

Cette explication vous apprend qu'il existe,
au sein de l'espace, des parties de vous-mêmes,
unies à vous par des fils invisibles et de qui
vous recevez sans cesse l'aide et l'appui nécessaires à tout incarné.

Courage donc, amis et frères de la terre!
que cette première faveur, qui vous permet de
soulever le voile du tombeau pour vous faire
entrevoir les clartés de la région extra-terrestre, vous soit un gage certain des lumières
et des bienfaits qui vous sont ménagés !

XIV

Sympathie et antipathie... leur cause... développement de la loi solidaire par le contact intime des
parcelles de dualités différentes.

Vous vous êtes demandé sans doute quelle
était la cause de ces sympathies soudaines,
qui vous attirent souvent vers des êtres complètement inconnus.

Sachant que vous faites partie d'un foyer
lumineux, composé d'innombrables parcelles,
il vous est facile de comprendre que des liens
invisibles mais puissants, vous unissent à ces
parties de vous-mêmes disséminées dans la
création.

Lors donc qu'une rencontre imprévue vous
met en face d'un esprit, frère du vôtre, il est
naturel que vous en éprouviez une soudaine
émotion. S'il ne vous est pas accordé de vous
réunir, dès ici-bas, à ceux vers lesquels vous
vous sentez attirés, sachez attendre dans le
calme, la paix, la confiance, l'heure de la déli-

vrance qui sera celle du revoir et de l'éternelle réunion.

La loi divine de la réincarnation vous donne la raison de ces antipathies étranges ressenties à la vue de certains êtres ; antipathies que rien ne semble justifier.

Ces frères, pour lesquels vous éprouvez une instinctive répulsion, sont des êtres dont vous avez subi, dans de précédentes existences, le cruel despotisme ou l'injuste domination. Bien loin de vous laisser aller à ces sentiments répulsifs, vous devez les combattre et vous efforcer de les vaincre. N'oubliez pas que le suprême devoir, qui doit achever votre épuration et compléter la reconstitution des parcelles de votre dualité, consiste dans l'accomplissement de la loi solidaire, sans laquelle l'accès des mondes supérieurs ne saurait vous être accordé.

C'est par le contact intime avec des parcelles de dualités différentes, que se développeront les sentiments d'égalité et de fraternité qui feront de votre humanité régénérée une seule et heureuse famille. Allez donc, à travers la vie, tendant à tous une main fraternelle et répandant avec ampleur, autour de vous, la chaleur de vos cœurs, la lumière de vos esprits. Que le mot ennemi soit remplacé par le nom si doux de frère, et que, vous aidant et vous soutenant réciproquement, vous entriez enfin dans cette ère nouvelle qui fera de votre terre de souffrance et de larmes le séjour envié de la paix et de l'harmonie.

XV

La mort, une apparence... groupement supérieur,
guide de ses frères en travail.

Est-il besoin de vous dire que la mort, si
redoutée jusqu'ici par les hommes ignorants,
va perdre son horreur et l'effroi qu'elle inspire?
Assurés de votre immortalité, connaissant le
secret de la vie universelle, c'est avec calme
que vous verrez approcher le moment de
rendre à la terre les éléments qu'elle vous a
prêtés. Ce n'est plus une séparation, ce n'est
pas le départ définitif qui s'accomplit, mais
une simple transformation qui redonne à l'esprit la plénitude de ses facultés, entravées par
la chair, lui permettant de s'élancer, libre et
joyeux, au sein de l'immensité. L'enfant aimé,
qu'une longue absence ou de cruelles épreuves
ont tenu éloigné du toit paternel, n'est pas
accueilli, à son retour, avec autant de joie
que l'est l'âme humaine au sortir de ses liens
terrestres, par ses amis et ses frères de l'espace. Elle se rend compte alors de la protec-

tion qui l'a suivie et guidée pendant sa tâche laborieuse et, à son tour, elle se prépare à rendre à ses frères en travail, l'aide qui lui a été généreusement accordée.

Sachez donc bien qu'autour de vous, quoique invisibles, existent de nombreux amis qui vous soutiennent et vous protègent, et que, plus haut dans l'espace, rayonne votre groupement supérieur qui vous guide et vous attire à lui, vous aidant à franchir les pas difficiles et à mener à bien votre travail actuel. Les effluves magnétiques que vous recevez de ce foyer lumineux épurent et fortifient vos âmes faibles et novices, et les amènent peu à peu à ce degré avancé qui leur permettra de se réunir à lui pour toujours.

XVI

Conclusion... Explication de la manière dont se font les groupements et comment ils retournent à leur groupement supérieur.

Si vous nous avez suivis avec attention dans le développement de ce travail, il vous est facile d'en tirer vous-mêmes la conclusion. Sachant d'où vous êtes partis, et connaissant la tâche que vous avez à remplir, tout sentiment de faiblesse ou de découragement sera désormais banni de vos cœurs. Aidés par le guide invisible qui vous soutient, les yeux fixés sur le foyer lumineux qui vous attire, vous accomplirez vaillamment le dur labeur qui vous est imposé. La mort, loin d'être redoutée, sera accueillie comme l'amie chargée de vous délivrer de votre lourd manteau de chair, et la transformation qu'elle opère, transformation si pénible pour les êtres matériels, se fera en vous sans trouble et sans effroi.

A ce moment de la mort, s'effectuera, par

les soins de vos frères de l'espace, le travail
de séparation de vos fluides dont il est temps
de vous parler. Par leur entremise, l'élément
raréfié de vos esprits, c'est-à-dire vos parcelles claires et épurées, ira s'unir à son groupement supérieur, tandis que vos parcelles
moins pures se scinderont en deux parts :
l'une restera dans l'espace pour servir de
guide à son tour; l'autre, s'unissant à vos
fluides lourds et épais, formera, avec des
groupements inférieurs qu'ils attireront à eux,
une nouvelle personnalité, dont elle sera la
partie consciente et élevée. Ces notions,
quelque obscures qu'elles vous paraissent,
sont le premier mot de la vérité qui ne vous
deviendra vraiment accessible que lorsque
l'étude, la réflexion, le progrès de vos esprits
vous auront mis à même d'en saisir la claire
et pure vision.

XVII

Suite de l'explication des groupements.

Il est utile de revenir sur nos explications précédentes, pour vous faire comprendre le travail de séparation de vos fluides ou parcelles, travail opéré à chaque rentrée dans la vie extra-terrestre par vos guides ou frères de l'espace.

Nous avons dit que la partie pure et éthérée de votre esprit allait rejoindre le groupement supérieur de sa dualité; que les fluides lourds, ou parcelles non épurées, attiraient à eux d'autres groupements plus inférieurs, pour former une nouvelle personnalité destinée à une prochaine incarnation. Quant aux parcelles mixtes ou intermédiaires, elles sont divisées en deux parts : l'une se joint au futur incarné dont elle forme la partie élevée; l'autre reste dans l'espace, servant de trait d'union entre son groupement supérieur et lui. C'est par elle qu'il recevra les forces et les lumières nécessaires à l'accomplissement de sa tâche;

c'est vers elle que monteront ses aspirations et ses élans de cœur, auxquels rien ne répond ici-bas.

Voilà donc expliqué le lien qui vous unit à l'invisible et la raison de cette protection que vous en recevez; protection qui vous est due par cette part de vous-mêmes, intéressée, autant que vous, à votre avancement et à votre progrès. Il est expliqué aussi, le combat qui se livre sans cesse au fond de vos consciences; combat produit par ce mélange de fluide pur aspirant à la clarté et ces éléments épais réclamant les satisfactions grossières de la matière.

Vous avez donc tout intérêt à travailler à l'épuration de votre substance spirituelle, car, plus vous posséderez de parcelles claires et lumineuses, moins il restera de parties de vous-mêmes dans les personnalités futures appelées à soutenir le terrible combat de la vie humaine, plus vite aussi sera reconstituée la dualité dont vous faites partie; dualité dont une portion atteint déjà les régions élevées de l'espace, tandis que l'autre se dissémine encore aux quatre vents de la création.

XVIII

Développement des fluides par les contacts spontanés des petits groupemeuts inférieurs des parcelles... élcctricité... groupements primitifs...
leur cause... la loi d'attraction... d'affinité... sympathie... conscience.

Au début d'un monde, alors que bouillonne
la matière en fusion dégageant les vapeurs qui
doivent constituer l'atmosphère, les parcelles
affolées cherchent vainement à se reconstituer. Dès qu'un commencement de refroidis-
sement s'est opéré, soumises, comme la
matière, à la loi d'attraction, elles s'attirent
réciproquement : les contacts spontanés produisent des chocs d'où naît l'électricité ou
fluide terrestre. C'est donc la force attractive
qui donne naissance aux premiers groupements de parcelles, de même qu'elle a donné
naissance aux molécules matérielles par le
groupement des atomes disséminés dans l'espace.

Bientôt, cependant, les parcelles échappent

à cette loi qu'elles subissaient presque inconsciemment, et c'est la loi d'affinité qui va
désormais présider à leur agglomération. Les
fluides produits par ces contacts adoucis
seront moins lourds que les précédents. Après
l'affinité ce sera la sympathie qui déterminera
le travail de reconstitution des parcelles,
laquelle, plus tard encore, sera remplacée par
la conscience développée, appelée seule à
régir vos évolutions futures.

Chaque transformation des groupements
donne lieu à un rejet de fluides ou scories qui
retombent dans la masse commune où s'élabore la matière. A mesure que les groupements s'épurent, les détritus fluidiques s'épurent également. Ainsi en est-il jusqu'au jour où
la dualité, reconstituée en entier, ne laisse plus
échapper que des émanations éthérées, pures
de tout alliage matériel.

Travaillez donc à achever promptement ce
travail d'épuration et de reconstitution qui,
seul, peut vous mettre au dessus des lois
rigoureuses qui régissent la matière; travaillez
à donner à vos esprits assez de force, de conscience et de clarté pour leur permettre de se
diriger librement vers les hautes destinées
qu'ils doivent atteindre.

ÉTUDE DES FLUIDES

I

Généralité des groupements .mixtes..; équilibre dans les idées... unité dans la diversité... harmonie due à la connaissance exacte du fluide magnétique et son application générale.

Que voyons-nous exister au sein des familles, quelles que soient leurs conditions d'éducation, de bien-être, de position sociale? D'une part, le pouvoir absolu reposant aux mains du plus fort; de l'autre, la soumission forcée, la révolte impuissante, la résignation découragée. Eh bien, frères! doit-il en être ainsi?

Devez-vous faire deux parts inégales de la liberté, trésor précieux que chaque esprit apporte en s'incarnant, et dont il a le droit de réclamer les nobles prérogatives? Comprenez donc enfin que l'harmonie ne s'établira jamais sur votre terre, tant qu'y règnera le pouvoir despotique ou l'injuste domination.

Pour changer ces conditions malheureuses dans votre état actuel, deux choses sont nécessaires : plus d'équilibre dans les idées, plus de justice dans les œuvres. Ces biens précieux, l'avenir vous les prépare dans ces incarnations futures qui placeront au sein des familles et au milieu des groupes sociaux des êtres équilibrés, chez qui la volonté soumise et l'idéal mesuré formeront un tout complet et perfectionné. Ces êtres unis, non par la recherche de vaines convenances, ou l'ambition d'une fortune éphémère, donneront le spectacle d'un bonheur toujours poursuivi, jamais atteint jusqu'à ce jour, dans les unions terrestres.

Sous le souffle puissant de la liberté, comprise et pratiquée, l'ordre social s'établira sur des bases nouvelles ; elle saura donner à cette diversité de facultés et d'aptitudes qui le composent, la cohésion et l'harmonie indispensables à son bon fonctionnement.

Enfin, cette force inconnue dont vous prononcez le nom, les uns avec espoir, les autres avec ironie, le fluide magnétique va devenir sous peu, un précieux agent de développement et de progrès. Ce fluide, étudié et appliqué avec succès, détournera vos esprits des préoccupations mesquines qui les absorbent et les amoindrissent; bientôt portés sur les ailes frémissantes de ce conducteur puissant, vous transporterez au sommet des airs vos corps allégés, ou vous éléverez au sein du rayonnant espace vos esprits transparents et lumineux.

II

La science des fluides... leur étude pratique... chaque
dualité a le sien propre... étude des infinis contacts par l'affinité et la perception... sensation et
sentiment nettement définis.

Dans quelle région, sous quel ciel prendra
naissance la nouvelle science des fluides, appelée à changer les tristes conditions de votre
vie actuelle? Ce sera sur le sol fertile de votre
France, au sein de cette nation généreuse qui
a su répandre à flots son sang et son or pour
conquérir ou donner la liberté; ce sera parmi
vous que se développera l'étude féconde des
forces cachées de la nature. Ce sera par la
main frêle et délicate de la femme que vous
recevrez, en plus grande abondance, ce fluide
bienfaisant et régénérateur. N'est-ce pas déjà
sur de jeunes et féminines organisations que
vos savants expérimentent dans les hôpitaux
ces effets surprenants; effets qui ne sont qu'un
premier pas fait sur la route inconnue où vous
attendent d'étranges surprises. Continuez donc

ces travaux auxquels nous collaborons à votre insu; travaux qui recevront une extension inattendue le jour où vous croirez en nous et nous appellerez à votre aide. Nous pourrons vous indiquer le lien intime qui unit l'esprit à la matière, et vous expliquer la force qui met en mouvement les molécules dont se compose votre corps, ainsi que les fluides transparents dont votre âme est formée.

De cette étude intéressante, nous passerons à celle des vibrations fluidiques par lesquelles notre pensée se transmet à votre cerveau, et nous analyserons la diversité de couleurs qui composent à chaque dualité une apparence propre et individuelle. Toujours plus élevés par nos aspirations, mieux servis par vos instruments, nous étudierons les lois harmonieuses qui régissent les mondes avancés et leurs heureux habitants. Nous apprendrons à connaître ces forces puissantes qui alternent entre elles pour répartir la vie, depuis le sommet élevé de l'échelle des êtres jusqu'aux bas échelons où rampent les formes infimes de la création.

Pour arriver à une conception aussi sublime, il faut que vos esprits aient acquis un degré d'affinité, une finesse de perception qui ne leur seront dévolus que sur les mondes supérieurs, mondes sur lesquels les combinaisons de lumière et de chaleur produisent des résultats au-dessus de votre pouvoir actuel de compréhension. Là seulement vous pourrez analyser, soit le sentiment, parti de l'âme, qui fait courir jusqu'à votre épiderme un frisson involontaire, soit la sensation, ressentie par un de vos organes et répercutée jusqu'aux fibres intimes de votre essence spirituelle.

En attendant cette heure, encore éloignée, qui nous permettra d'étendre à une limite moins restreinte le champ de nos investigations, commençons donc à étudier les forces cachées qui font mouvoir le ressort de la vie et relient par des fils invisibles les molécules matérielles composant le corps humain à l'esprit incarné dont il forme l'enveloppe.

III

Temps sans mesure des milliards d'existences pour la reconstitution d'une dualité... perception nette des fluides par la connaissance et l'application générale du fluide magnétique... durée relative de la matière... sa gravitation par l'animation.

En observant la progression lente mais continue de la vie, depuis le dernier échelon de l'échelle des êtres jusqu'à son éblouissant sommet, vous pouvez vous faire une idée approximative du temps nécessaire pour accomplir cette laborieuse transformation. Voyez la parcelle commençant à animer les infusoires, le roc, le végétal et enfin l'homme ; demandez-vous combien de milliards d'existences différentes, combien de milliers de personnalités ont été nécessaires pour composer le faisceau lumineux qui anime votre corps actuel? Eh bien, frères ! Cet immense progrès n'est que la préparation première et, pour ainsi dire, l'ébauche de celui que vous avez à réaliser pour pouvoir monter sur les mondes

fluidiques, séjour envié des dualités entière-
ment reconstituées. La connaissance et l'application des fluides vous aideront à arriver à ce
but, et donneront à vos efforts l'impulsion
énergique qui leur fera produire des résultats
surprenants. C'est l'étude du fluide magnétique qui doit vous donner la clé des secrets
de tous les autres.

Ne croyez pas cependant que cette force
active de la nature soit inconnue sur votre planète. Depuis longtemps son pouvoir souverain
forme la base de l'antique croyance Indoue et
sert à ses prêtres pour accomplir les cérémo-
nies de leur culte. Lorsque les idées d'expa-
triation et les projets de colonisation auront
fait parmi vous le chemin nécessaire, vous
trouverez, chez ces peuplades lointaines, les
premiers principes de cette science; et vous
étendrez à de vastes limites les résultats qu'il
est possible d'en tirer. Vous saisirez alors le
lien qui unit le visible à l'invisible et la progression constante par laquelle la molécule
matérielle se change peu à peu en fluide transparent et léger.

L'effort que votre esprit fait accomplir à la
matière en s'unissant intimement à elle, la tire
de son inertie et lui imprime un mouvement

régulier et continu qui la débarrasse de ses lourdes et impures scories. Chaque transformation, opérée par la mort, raréfie cette substance épaisse, et il en est ainsi jusqu'au jour heureux qui la voit passer, de l'état visible et saisissable, à la forme transparente, invisible pour les yeux charnels. C'est sur les mondes inférieurs que s'opère ce travail d'épuration ; c'est par l'effort de vos esprits ou parcelles groupées, que la matière qui vous entoure se transforme et s'éthérise. Le service que d'autres vous ont rendu, vous le rendez à votre tour et, par le travail et l'épreuve, vous préparez les molécules de votre terre et de vos corps à devenir, dans des milliards de siècles, la substance pure et lumineuse qui formera les âmes des générations futures. Œuvre pénible et douloureuse, pour laquelle vous sont prêtées les forces vives qui activent et dirigent au sein de l'espace, l'incessante évolution des êtres et des mondes de la création.

IV

Dieu, justice, clarté... le beau... le vrai... son infini, l'amour parfait, aimant radieux qui attire tout à lui... perception définie de Dieu par les dualités en travail de pénétration.

Nous avons dit que le mot Dieu ne devait plus présenter à votre esprit l'idée d'une personnalité taillée à votre image, mais bien l'infini sans bornes par lequel l'espace se trouve circonscrit. Cet infini, frères, aucun de nous ne peut en saisir encore le resplendissant éclat ! Tout ce que nous pouvons concevoir de ce foyer intense, c'est qu'il est le centre de toute force, le moteur de toute vie; c'est que sa clarté rayonne jusqu'aux sombres profondeurs de l'immensité, et que tout être se sent attiré vers lui par le triple attrait du bien, du beau, du vrai. Sa chaleur pénétrante est la source d'où découle tout amour, et son intelligente volonté est le pouvoir suprême de qui nous dépendons tous.

De même que l'insecte ailé se sent attiré vers

la clarté qui perce les ténébres, de même nos esprits, faibles lueurs perdues au sein des espaces, se sentent attirés par ce foyer lumineux dont les reflets puissants entretiennent et fécondent la création entière. Plus nous nous élèverons sur l'échelle des êtres, plus nous nous rapprocherons de ces confins brillants d'où sont parties nos dualités, et où doit aboutir l'incessante gravitation des êtres et des mondes créés.

Pour percevoir ces clartés divines, il faut à nos esprits une puissance de compréhension qui ne se peut acquérir sur les mondes matériels. Ce n'est que sur les sphères élevées et fluidiques où s'accomplit, par les dualités reconstituées, le travail de pénétration, que l'esprit épuré peut jeter un regard perspicace sur ces profondeurs lumineuses et en soutenir l'incomparable éclat.

Frères! en attendant ce perfectionnement de vos êtres. adorez Dieu, désormais, non plus dans les temples, ni sur l'autel où vous croyez voir s'immoler une victime imaginaire, mais en face de ses œuvres et surtout au fond de vos consciences éclairées. Là, sa justice vous montrera, comme dans un miroir fidèle, vos fautes et vos erreurs. Là, sa lumière projettera des rayons assez vifs pour vous guider dans les sentiers de la vérité, sans l'aide des religions imposées aux peuples enfants ; religions devenues pour vous impuissantes et inutiles.

Enfin, marchons tous d'un pas rapide vers ces régions lumineuses que nous commençons à entrevoir, où nous trouverons le repos, l'amour parfait, le bonheur infini.

V

Le souvenir... celui de l'espace clair et net à mesure
que la dualité est plus reconstituée... celui des
existences antérieures dont le trouble est dû au
mélange des divers groupements d'une dualité,
formant chaque fois une personnalité nouvelle.

Vous commencez à désirer pouvoir percer
les ténèbres qui ont enveloppé jusqu'ici vos
origines d'un voile impénétrable. Vous vous
demandez par quelle filiation mystérieuse votre
être se rattache à la création et quels liens
invisibles vous unissent les uns et les autres
au temps et à l'espace? Nous aussi, frères,
planant au sein de l'immensité, nous étudions
notre passé et nous suivons dans la lumière
astrale, le sillon tracé par notre passage à
travers les mondes sidéraux. Ces souvenirs,
d'abord voilés et confus au début des groupements, deviennent de plus en plus nets à mesure que la dualité achève sa lente reconstitution. N'attachez donc pas une trop grande
importance aux révélations qui vous sont faites

sur vos existences antérieures, et surtout ne les provoquez pas par d'indiscrétes interrogations. Les nombreuses transformations qui vous ont amenés à l'état actuel, par des groupements successifs, laissent dans l'espace des fluides trop épais et trop matériels pour pouvoir y démêler nettement vos diverses personnalités. Attendez donc d'avoir atteint un degré plus avancé dans votre incessante gravitation, pour retrouver, au sein de la lumière astrale, le souvenir exact de votre parcours à travers l'immensité.

VI

Communication avec le visible et l'invisible par les
fluides... aucune ne peut exister sans un lien
magnétique consenti...volonté et idéal, les deux
pôles où se rattachent les fils conducteurs.

Depuis quelques années, il se passe au milieu
de vous des faits étranges, sur lesquels il n'est
plus possible de fermer les yeux. De toutes
parts des révélations singulières se produisent,
vous dévoilant de diverses manières, les secrets et les mystères de la tombe. Tantôt il
vous est permis de voir, sous une forme tangible et saisissable, les êtres disparus ; tantôt
il vous est possible de communiquer avec eux
soit par l'écriture, soit au moyen de la table
ou d'un meuble quelconque. Enfin, par le som-
meil somnambulique, provoqué sur des organisations spéciales, vous recevez des aperçus
nouveaux sur les mondes de l'espace et sur les
régions extra-terrestres. Vous vous demandez
avec étonnement, par qu'elle voie mystérieuse

vous parvient cette révélation, et vous cherchez à l'expliquer à l'aide des moyens connus
par la science actuelle. Frères ! laissez de côté
tout résultat obtenu par ces procédés impar-
faits. Vos études ne sont point assez élevées
ni vos instruments assez perfectionnés pour
vous permettre de découvrir la cause de ces
effets nouveaux. Contentez-vous pour le moment de les provoquer avec une sage réserve,
et essayez d'y démêler les notions de justice
et de vérité qui vous parviennent par cette
voie. L'étude des fluides sera le point de départ d'un développement scientifique qui permettra aux générations futures de comprendre
et d'analyser les effets obtenus par eux, et d'en
faire une application utile et générale. Il sera
possible alors de communiquer, non seulement avec les invisibles, mais encore avec les
amis terrestres dont on sera séparé. La fixa-
tion de la pensée, à jour et heure déterminés,
sur une idée consentie d'avance, établira entre
les absents un lien magnétique indispensable.
L'effort de leurs volontés réunies produira un
choc qui sera répercuté par les fils conducteurs se rattachant, soit au cerveau, siège de
la volonté, soit au cœur, siège de l'idéal ou
amour. Au moyen de ce courant magnétique,

on se transmettra sa pensée à des distances éloignées.

Ainsi s'établira un nouveau genre de télégraphie, à la portée de tous, et dont les résultats auront pour effet, sinon de supprimer la séparation, tout au moins d'en adoucir les regrets.

VII

Nécessité de n'accueillir les communications terrestres et extra-terrestres, qu'à bon escient... oublier
que les suggestions malsaines et exagérées peuvent être un acheminement vers la folie est manquer de sagesse... magnétisme, premier mot des
fluides... leurs diverses et utiles applications...
danger de s'en servir sans de sérieuses observations... compléter un travail d'idées nouvelles
par une étude austère et détaillée des émissions,
sujet d'une troisième partie.

A l'heure solennelle qui s'apprête à sonner
pour vous au cadran des éternités, heure
bénie qui verra se déchirer le voile ténébreux
interposé, jusqu'ici, entre les vivants et les
morts, nous vous dirons tout d'abord, prenez
garde ! Cette force active qui va mettre en jeu
les fils invisibles par lesquels vous communi-
querez avec nous, possède un pouvoir dont
vous ne comprenez ni l'importance, ni le
danger. En étudiant le passé de votre humanité, vous pouvez constater, à différentes re-
prises, les effets dangereux de cette force fluidi-

que se manifestant sur un terrain non préparé.
Aujourd'hui que vos progrès et votre culture
intellectuelle vous rendent aptes à manier
cette arme redoutable, nous venons la mettre
entre vos mains et vous apprendre à vous en
servir. Déjà, de nombreux incarnés, parmi
vous, travaillent à développer les facultés que
vous possédez tous à l'état latent, facultés qui
vous permettent de correspondre avec nous
par les moyens que nous vous avons indiqués.
Frères, que cette application de vos esprits ne
vous détourne ni de l'accomplissement de vos
devoirs, ni de la modestie de vie et de pensées
dont vous ne devez jamais vous départir.

Sachez mériter, au contraire, par vos efforts
et vos progrès dans le bien, la protection et
l'assistance des guides élevés sans lesquels
toute entreprise serait téméraire, tout travail
superflu. Comprenez bien que vos fluides, encore lourds et matériels, attirent à eux, de
l'espace, des fluides similaires, et qu'il est
besoin de vous élever au-dessus de la matière,
par l'effort de vos âmes, pour rendre clair et
transparent le réseau fluidique à travers lequel
vous parvient la vérité.

Sachez encore ceci : de même que la plante
faible et chétive se meurt sous les rayons ar-

dents du soleil qui fait épanouir et croître la plante vivace, de même les âmes trop imprégnées de matière ou trop imbues de préjugés, sont impuissantes à soutenir les rayons éclatants de la vérité. Marchez donc avec prudence et circonspection sur ce terrain où le moindre faux pas suffit à vous faire perdre l'équilibre et à dérouter ceux qui vous suivent.

Ce conseil donné, frères, nous vous dirons maintenant : tous à l'œuvre! Etudiez, chacun selon votre pouvoir, le fluide magnétique dont vous pouvez faire une application si étendue. Que ce ne soit plus seulement le savant qui l'expérimente dans son laboratoire, mais essayez tous d'en tirer profit. Qu'il aide au médecin à donner à ses remèdes l'efficacité désirable ; que, par ses multiples applications il procure un soulagement inattendu. Enfin que la mère de famille puise dans ce nouvel arsenal les armes propres à combattre la débilité de ses enfants ; qu'il devienne, en ses mains, un principe vital énergique remplaçant le sang appauvri de la jeunesse actuelle.

Dans une troisième partie de cet important travail nous étudierons les divers moyens par lesquels se produit l'émission fluidique, et les précautions à prendre pour en éviter les dangers. Ces nouvelles études vous engageront tous à profiter de ce trésor mis à votre portée. Elles exciteront en vous un sentiment plus vif de reconnaissance et d'admiration pour cette intelligence suprême qui sait nous répartir selon nos progrès et nos besoins, les éléments propres à activer notre incessante et laborieuse gravitation.

APPLICATION DES FLUIDES

I

LES FLUIDES, LEUR CAUSE ET LEUR ACTION

Les fluides, essence subtile et vivifiante dans laquelle se baignent les sphères... merveilleux agents de l'action directe de l'infini sur l'espace... influence magnétique qu'avec leurs rayons les astres exercent sur les planètes.

Avant d'aborder l'étude sérieuse et raisonnée des fluides, il est bon de vous faire constater l'impossibilité absolue dans laquelle vous êtes de vous rendre compte, sans notre aide, de cet élément transparent et léger dont votre globe est entouré. Echappant, par son extrême subtilité, à vos moyens d'analyse, il est nécessaire que vous soyez guidés dans vos recherches par ceux que leur essence même met en rapport constant avec lui.

Ce concours indispensable à vos nouvelles

études, nous vous l'apportons avec empressement, vous rendant en frères le service qui nous a été rendu à nous-mêmes. Travaillons donc de concert, à résoudre ces problèmes sur lesquels se porte votre attention et dont la solution doit préparer, pour votre humanité, une ère nouvelle et prospère.

Nous avons dit que l'espace, malgré son immense étendue, n'est qu'un point sombre, une tache infime circonscrite de toute part par le lumineux foyer de l'infini. Ce foyer incandescent projette au loin le rayonnement de sa chaleur; rayonnement d'où provient l'élément fluidique dans lequel se baignent les sphères et les mondes de l'espace. C'est donc par cette essence subtile que vous vous rattachez au premier degré de l'infini d'où vos dualités sont parties ; c'est par elle que vous recevez de vos frères avancés, le secours et l'appui nécessaires pour l'accomplissement de la tâche imposée aux voyageurs de l'espace travaillant à animer la matière et à reconstituer leurs foyers respectifs.

De même que les soleils attirent par leurs rayons les mondes planétaires qui composent leurs familles, de même l'infini, par sa puissante action magnétique, attire à lui les

sphères de la création et exerce sur chacune
d'elles son intelligente influence.

L'attraction exercée par les rayons solaires
vous explique donc l'attraction bien plus active
exercée par cet incomparable foyer dont l'action suffit à tracer la voie, non seulement aux
mondes matériels, mais encore à l'intelligente
volonté des esprits libres et des humanités en
travail

II

Etude spéciale des fluides ressentis et minutieuse-
ment observés sur la planète *la terre*... choix
qu'il est urgent d'en faire pour leur utile application, première forme du fluide terrestre, l'électricité... sa cause... ses effets... magnétisme animal
n'agissant que sur les corps... ses effets malfai-
sants et parfois utiles, surtout pour la chirurgie...
magnétisme intellectuel agissant sur l'esprit et
dont l'union est indispensable à l'autre pour produire de bons résultats.

Après ce premier coup d'œil jeté sur l'ensemble des forces fluidiques répandues dans
l'espace, étudions, d'une façon plus spéciale,
les fluides inhérents à la planète que vous
habitez. Disons d'abord que ces fluides sont
produits par le dégagement du calorique con-
tenu dans la matière en travail d'épuration.
D'où il suit que cet élément se présente à
nous sous des formes plus ou moins actives et
puissantes, selon que la matière qui l'émet est
plus ou moins épurée.

La première forme de ce fluide terrestre,

connue depuis peu d'années, se nomme *élec-tricité*. Elle se trouve dans la matière à l'état presque primitif, et vous pouvez l'observer dans la terre, le bois, les vapeurs condensées que des causes, souvent fortuites, obligent à produire le choc qui suffit à son émission. Votre industrie moderne a déjà su faire de ce précieux agent d'utiles applications dont le perfectionnement procurera à l'humanité souf-frante des soulagements appréciables. Sans vouloir préciser comment le travail et la science sauront en tirer parti, il est permis de vous indiquer les ressources que vous pouvez trouver dans ce calorique lumineux pour com battre, soit les ténèbres de vos nuits terrestres, soit le froid pénible de vos hivers rigoureux.

La deuxième forme du fluide terrestre qui se présente à notre observation se nomme avec raison, *magnétisme animal*. Son nom indique suffisamment qu'il est émis par les mo-lécules dont se compose le corps humain. Vous le trouvez également dans le corps des animaux chez qui les molécules charnelles ont déjà subi de nombreuses transformations. Ce fluide, quoique plus épuré que le précédent, n'en est pas moins inférieur encore; étant produit par la matière, il n'exerce son action que sur la matière. Ses effets, dont vous avez pu constater les pernicieux résultats sur des corps soumis à de mauvaises influences, ont cependant parfois une incontestable utilité. Le progrès de vos sciences vous apprendra à tirer profit de ses diverses propriétés, en faisant un choix judicieux et intelligent.

Enfin la troisième forme sous laquelle les fluides nous sont présentés se nomme *magnétisme spirituel.* Il est produit par le rayonnement de l'esprit et agit sous l'impulsion de la volonté qui le dirige à son gré. Cette troisième forme, vous le comprenez, est bien au-dessus des précédentes, et c'est elle surtout qui sera l'objet de nos futures études. Disons cependant que ce fluide ne peut agir seul, et qu'il a besoin d'être uni au fluide animal pour produire des résultats bons et appréciables.

La suite de notre travail vous apprendra les ressources infinies que vous allez puiser dans ces combinaisons fluidiques appelées à changer les conditions matérielles et morales du globe que vous habitez.

III

Genre de tempérament propre au fluide sanguin et au fluide nerveux... application qu'il faut en faire pour les maladies... bienfaits qu'on est en droit d'en espérer... danger du magnétisme animal inconscient et irraisonné.

Avant de nous occuper du fluide spirituel, indiquons en passant les résultats bons ou mauvais que vous pouvez obtenir du magnétisme animal. Ce fluide, émis par les molécules corporelles, est en rapport avec la cause qui le produit.

Par conséquent un tempérament calme et sanguin dégagera un fluide plus moelleux et moins vibrant qu'un tempérament sec et nerveux. D'où il suit que l'insufflation d'un fluide nerveux accélèrera la circulation du sang sur un tempérament sanguin, tandis que l'agitation d'un tempérament nerveux sera calmée par l'appoint d'un fluide sanguin sagement administré. En agissant en sens contraire, on s'expose à produire de graves désordres chez le sujet soumis à la médication magnétique.

Le progrès qui s'effectue dans chaque branche de la science terrestre vous amènera peu à peu à une connaissance plus éclairée des causes et des effets, et vous permettra de marcher avec sûreté sur ce terrain où mille obstacles vous arrêtent actuellement. L'étude des fluides, de leurs propriétés et de leurs dangers, sera pour la médecine un flambeau précieux, à l'aide duquel, procédant du connu à l'inconnu, il lui sera enfin possible d'entrevoir le secret de la vie et d'en comprendre les incessantes transformations. Nous vous le répétons encore ; ce n'est pas sans danger que vous allez user de ces forces vives et puissantes ; votre ignorance du principe vital qui anime votre organisme, de son intervention dans toutes les fonctions de la vie animale et de l'action exercée en vous et autour de vous par l'*invisible*, toutes ces causes sont autant d'entraves apportées à vos recherches. Que ces obstacles ne vous découragent pas, néanmoins !

Après de nombreux essais qui vous auront fait constater les dangers du magnétisme employé sans discernement, vous arriverez à vous rendre maîtres de cette force fluidique et vous saurez en tirer des résultats avantageux pour aider au progrès et hâter le développement de l'intelligence humaine.

IV

Une volonté brutale secondée par les fluides lourds
des élémentaires invisibles produit le magnétisme
animal... une volonté douce et persuasive, ne
s'appuyant que sur les sommets des dualités de
son milieu, produit le magnétisme spirituel qui
élève l'esprit vers les régions supérieures.

L'insuffisance de vos sens actuels vous
empêche de saisir le lien mystérieux qui vous
unit à l'invisible. En vous rappelant nos précédentes explications, vous comprendrez que les
fluides lourds, rejetés à chaque formation des
groupements successifs qui vous ont amenés à
l'état présent, sont autant de fils conducteurs
vous rattachant à l'espace. Ces fils invisibles
vous unissent aux esprits ou groupements de
votre milieu et établissent entre vous un courant magnétique par lequel vous correspondez,
à votre insu, d'une façon régulière et continue.
La volonté impérieuse d'un incarné, secondée
par les fluides lourds des esprits élémentaires
de son milieu, produit les effets souvent

funestes et dangereux du magnétisme animal. De même, une volonté assouplie, aidée par les groupements élevés des dualités amies, produit le magnétisme spirituel dont les effets seront pour vous aussi efficaces que surprenants.

Comprenez donc l'immense intérêt que vous avez à activer votre développement intellectuel et moral afin d'échapper à l'influcnce occulte et dangereuse des élémentaires invisibles, pour vous placer sous l'intelligente direction des esprits avancés, seuls capables de vous élever vers les régions supérieures de l'espace et vous conduire à la vérité.

V

Marche du magnétisme à travers les âges de l'humanité... ses éclipses... son éclat futur et progressif.

Indiquons en quelques mots les phases diverses traversées par la science magnétique sur votre globe terrestre.

Nous la voyons resplendir d'un vif éclat au sein des civilisations primitives dont l'existence et la haute antiquité ne sauraient être mises en doute. La vie simple et patriarcale de ces époques reculées favorisait l'essor de la pensée, et les documents qui vous en restent vous mettent à même de constater les merveilleux résultats obtenus par ces deux sciences inséparables : l'astronomie et le magnétisme.

Les émigrations, les guerres, les invasions dispersent au loin les débris de ce flambeau précieux, et ce ne sont plus que de pâles reflets, tels que l'astrologie et la magie dont le moyen-âge exploitait les secrets, qui vous permettent d'en reconnaître le pouvoir affaibli.

Ces éclipses passagères se retrouvent chez toutes les nations du globe. Aussi bien dans l'Inde qu'en Egypte, en Perse et ailleurs, vous voyez cette lumière brillante, ou éteinte par l'ignorance grossière des peuples barbares, ou confisquée par les castes sacerdotales qui s'en servent pour asseoir leur domination, et établir sur les peuples leur pouvoir arbitraire et absolu.

Mais, nous le répétons, l'heure est venue de la faire sortir du boisseau. Malgré les résistances et les luttes, l'essor sera redonné à l'intelligence humaine et le siècle qui suivra le vôtre verra mûrir les fruits salutaires dont la libre pensée porte en germe la semence féconde, semence que nous déposons au fond de vos consciences éclairées.

L'étude de l'astronomie, jointe à celle du magnétisme, vous donnera la clé des évènements du passé et des mystères de l'avenir. Vous apprendrez à lire dans les constellations célestes et cet alphabet nouveau permettra aux générations futures d'ouvrir le livre de vie dans lequel chacun pourra déchiffrer l'énigme de sa vie présente et la grandeur de ses vies futures.

VI

Phases terribles traversées par l'humanité à cause de l'application mauvaise du magnétisme et qu'elle a encore à traverser... leurs causes : l'égoisme, l'orgueil, l'immoralité.

Jetons encore un rapide coup d'œil sur les phases néfastes traversées par l'humanité terrienne aux prises avec le magnétisme incompris ou faussement exploité. Nous avons vu les âges primitifs puiser en cette science élevée les éléments de leur progrès dont vous pouvez constater encore les merveilleux résultats. Voyons maintenant cette force active, amoindrie par l'ignorance grossière de ceux qui l'exploitent, n'engendrant plus que le fanatisme inconscient ou l'odieuse intolérance. Aussi bien pour le fakir indien, se mutilant volontairement et se jetant sanglant sous le char de son idole, que pour le moine d'Occident qui puise en ses rêves d'halluciné le courage de vivre en dehors des lois naturelles, pour tous le magnétisme n'est plus qu'une force incomplète et déviée de son but.

.Nous ne nous arrêterons pas sur les époques troublées du moyen-âge où l'intolérance religieuse, jointe à l'ignorance, condamnait aux bûchers tous ceux qui s'élevaient au-dessus des conceptions bornées, admises par les injustes détenteurs du pouvoir; non plus que sur les périodes néfastes traversées par les peuples d'Orient, se laissant arracher, par les prêtres, les derniers lambeaux de leur liberté et de leur civilisation primitive.

Glissons aussi rapidement sur les temps malheureux que traversent les sociétés modernes, ne se doutant pas qu'elles possèdent les éléments propres à assurer leur repos et leur prospérité. Tant que l'immoralité, l'orgueil et l'égoïsme règneront parmi vous, la science des fluides sera lettre morte, et ses immenses bienfaits incompris et méconnus.

Travaillez donc à détruire ces germes mauvais, entretenus par les élémentaires invisibles, incapables d'entrevoir les clartés radieuses de l'espace où vous appellent les esprits élevés, chargés de diriger vos travaux et de leur faire porter les fruits salutaires de la régénération et du progrès.

VII

Magnétisme spirituel... ses aperçus... ses bienfaits...
ses conditions.

Nous avons dit que le magnétisme spirituel
n'est autre que le fluide émis par le groupement de parcelles formant l'esprit incarné;
d'où il résulte que plus sont nombreux les
groupements composant une personnalité, plus
a de pouvoir et d'action le fluide dégagé par
elle. Le cadre de ce travail ne nous permet
pas d'embrasser l'ensemble des propriétés et
vertus de ce fluide bienfaisant. Nous avons
assez insisté déjà sur l'immense portée que
son étude doit avoir pour faire naître en vous
le désir de vous livrer à cette science nouvelle
et féconde. Les applications que vous pouvez
en faire embrassent aussi bien le domaine
intellectuel que le monde physique. Chaque
branche de la science terrestre recevra, par
lui, un développement inattendu. Le savant
verra ses aptitudes s'agrandir; l'artiste, par

son moyen, donnera à l'œuvre entreprise le perfectionnement rêvé; l'artisan et l'ouvrier verront leur travail s'alléger et s'accélérer par la force invisible qui les soutiendra. Enfin, grâce à ce fluide merveilleux, votre triste planète se changera peu à peu en un vaste jardin où chaque membre de la famille humaine aura le droit et la facilité de se procurer ce qui peut être agréable ou nécessaire à sa vie.

Mais, hélas! l'heure est encore éloignée où ce riant tableau pourra devenir une consolante réalité. A peine quelques-uns parmi vous peuvent-ils entrevoir cet avenir heureux et bénéficier des immenses avantages que procure votre commerce avec l'invisible. Il faut, pour que le magnétisme spirituel se développe et porte ses fruits, un milieu préparé. Il faut que le sentiment religieux épuré ait rendu à la conscience humaine sa liberté et sa responsabilité. Il faut que l'être humain, devenu moral, apprenne à se détacher de la matière et de lui-même, en élevant ses pensées et ses aspirations au-delà de l'horizon restreint de la vie terrestre. Alors, seulement alors, vous sera livré le secret de la science fluidique qui vous permettra de prendre rang parmi les humanités avancées de la création et de correspondre avec elles. Déjà, sur la planète Mars, de savants astronomes aidés par de puissants instruments, observent la marche ascendante de votre globe, attendant, avec impatience, de voir paraître, au-dessus de votre atmosphère, des étincelles électriques répondant aux leurs, annonçant que la jeune humanité terrienne possède la science des fluides et qu'elle s'en sert pour établir, avec ses sœurs de l'espace, des communications qui seront pour toutes un accroissement de science et d'amour.

VIII

La conclusion est du domaine de la science et des vertus civiques... que votre humanité le sache : son âge d'or est devant elle.

Frères ! qu'ajouterons-nous aux aperçus nouveaux renfermés dans ces quelques pages ? Vous comprenez, sans qu'il soit besoin de vous le dire, qu'à la science seule et à vos progrès dans les vertus civiques et morales appartient le droit de déchirer complètement le voile et de poser les bases de l'avenir au seuil duquel nous vous tendons la main. Cet avenir, il nous est possible de vous en faire entrevoir les réalités consolantes, et cet aperçu, quoique portant sur un point éloigné, doit exciter en vos âmes un noble espoir, une généreuse émulation. Laissons donc s'écouler un intervalle de quelques siècles et jetons un coup d'œil sur la planète *terre* transformée et régénérée. Sans parler des conditions physiques que vos progrès et votre science des fluides

vous auront permis d'améliorer en vous rendant maîtres des éléments et en diminuant
l'opacité de votre atmosphère, examinons les
changements apportés dans votre organisation
politique et privée. Plus de guerre sanglante
et funeste, plus de frontières entre les peuples,
plus de barrières entre les castes. Nulle part
ne s'étale la richesse fière et égoïste et ne
gémit la pauvreté impuissante et révoltée. La
société établie sur des bases solides, se réserve
une part du travail ou du revenu de chacun
pour en répartir le produit avec équité et
assurer l'avenir de tous. La solidarité enfin
comprise et pratiquée, unit entre eux les indi-
vidus et en fait une famille de frères empressés
à se soutenir et à s'entr'aider.

Le développement des arts, les ressources
de l'industrie, la fertilité de la terre et l'accroissement du commerce apportent chaque
jour de nouveaux éléments de bien-être et de
progrès. La famille, non plus restreinte mais
élargie par l'adjonction des membres isolés et
des amis privés de foyer, met en commun les
biens matériels et les trésors de l'intelligence
dont chacun profite, selon son âge et ses
besoins.

Enfin, sur tous les points du globe s'élèvent

à côté des cités prospères, des centres ouvriers où de nombreuses familles de travailleurs, se prêtant mutuellement l'appui de leurs bras ou le résultat de leur savoir, se préparent, par une vie simple, honnête et laborieuse, au développement intellectuel qu'ils doivent atteindre dans leurs étapes futures et progressives.

Et partout! aussi bien dans le centre intelligent que dans la cité ouvrière, règne la *liberté*, domine la *justice*, resplendit la *vérité*. Guidée par ce faisceau lumineux, l'humanité terrestre s'élève et grandit, marchant à travers les âges, d'un pas rapide et sûr, vers ses lointaines et glorieuses destinées!

Pour atteindre à cette vie perfectionnée, qui ne peut être encore pour vous qu'un idéal à peine entrevu, il faut, répétons-le, élever vos esprits au dessus de la matière et laisser loin derrière vous l'orgueil, l'égoïsme, le froid calcul et surtout l'immoralité qui est à l'amour véritable ce qu'est la nuit ténébreuse au jour clair et brillant. Laissez donc pénétrer en vous cet amour épuré qui doit vous unir à la famille universelle, et dont le chaud rayonnement produira le FLUIDE ÉTHÉRÉ, seul capable d'opérer la régénération de l'être raisonnable et pensant.

Oui, le voilà enfin nommé et connu, le révélateur promis aux hommes, le désiré des nations, le Messie prédit depuis tant de siècles et dont la victime du Calvaire, aussi bien que les génies méconnus, de tous les temps, n'ont été que les glorieux précurseurs. Voilà celui qui doit apporter la paix au monde, réconcilier le ciel avec la terre et faire naître au sein des peuples divisés l'unité et l'harmonie vainement rêvées jusqu'ici. Voilà le conquérant victorieux qui en établissant le règne de l'esprit sur la matière, mettra fin à l'empire de la souffrance et du mal, détruira les préjugés et remplacera l'erreur par la vérité. Voilà le consolateur promis aux temps nouveaux, le révélateur dont la voix puissante retentira d'un bout de l'univers à l'autre et ralliera sous un même drapeau les tribus éparses de la maison d'Israël.

Bénie soit donc sa venue parmi vous ! Enfants de la terre, tournez les yeux avec espoir vers cet Orient où commence à luire l'aube lumineuse précédant le soleil de vérité dont les rayons brillants dissiperont à jamais les ténèbres de votre planète appelée à se mouvoir désormais au sein de la lumière et de la chaleur.

Et qu'elle soit aussi bénie des hommes l'Eve des temps nouveaux, la femme moderne par qui le révélateur vous est donné ! qu'elle ne soit plus l'esclave soumise des peuples déchus, non plus que la pourvoyeuse tarifée des satisfactions basses et grossières de la matière : qu'elle devienne enfin pour tous l'être noble et sacré par qui s'élabore la plus haute expression de la vie, sur votre globe, celle dont la main délicate vous tient en réserve les éléments propres à activer votre progrès et assurer votre bonheur.

DEUXIÈME PARTIE

ORGANISATION PHYSIQUE
ET MORALE DE LA PLANÈTE

LES FINS

ORGANISATION
PHYSIQUE ET MORALE
DE LA PLANÈTE

———

I

Naissance de la troisième période humanitaire.

Les découvertes faites par la science, en ces derniers temps, vous ont appris les changements progressifs opérés au sein de l'humanité terrienne, depuis son origine jusqu'à nos jours.

Vous avez pu constater les défectuosités des premiers organismes humains ; vous avez su que l'homme primitif, privé de l'usage de la parole, vivait au fond des cavernes, sans feu, sans lumière, sans lien social, se nourrissant indistinctement de la chair de son semblable ou de celle des animaux. Epoque longue et terrible, pendant laquelle le passage de la vie à la mort ne produisait ni changement sensible, ni amélioration appréciable.

A cette première période succède la deuxième, faite de troubles, de guerres, de luttes, pendant laquelle l'être humain, se perfectionnant peu à peu, apprend à modérer ses instincts, à développer ses facultés. Les transformations opérées par la mort dégagent de la matière des fluides plus épurés, et alors commencent à se former, au sein de l'espace, des groupements d'esprits avancés ; groupement qui donnent, sur les mondes créés, l'essor à tous les progrès.

A l'heure actuelle, apparaît l'aube lumineuse d'une troisième période humanitaire. Désormais l'homme, connaissant son passé, comprenant son avenir, verra naître en lui des aspirations meilleures. Toujours plus instruit et mieux inspiré, il sentira que ce n'est qué par la solidarité connue et pratiquée qu'il peut réaliser les progrès qu'il entrevoit. Alors les hommes, devenus libres et unis, vivant les uns pour les autres, certains de leurs glorieuses destinées, comprendront enfin ce qu'ils sont en réalité, des fils de Dieu, aujourd'hui enfants de la terre, demain habitants de l'espace, allant à travers le temps et les mondes, vers leur véritable patrie : l'*Infini*.

II

Le règne de la justice,.. son avènement annoncé par les luttes qui préparent l'unité du globe... la science aidant, dans de fantastiques proportions, à ce qu'elle a fait et à ce qu'elle est appelée à faire encore.

Enfants de la terre ou habitants de l'espace, saluons tous le jour nouveau qui se lève à l'horizon terrestre ! Le temps des luttes sanglantes, des guerres funestes touche à sa fin, et bientôt va resplendir de tout son éclat le règne de la justice auquel chacun de nous aspire,

N'entendez-vous pas déjà de sourds grondements, signes précurseurs des orages politiques dont les éclairs, quoique terribles, n'en sont pas moins utiles et féconds? Ces agita- -tions qui ébranlent l'édifice social sont le levain qui doit servir à confectionner le pain nourrissant des générations futures ; aliment fait de vérité, de justice et de liberté. Loin de nous donc tout sentiment de crainte puérile ou de frayeur enfantine et irraisonnée. Allons hardiment au-devant de l'avenir heureux qui doit succéder aux troubles actuels. Travaillons, chacun, selon nos forces et nos moyens, à préparer l'unité du globe dont quelques voix timides commencent à prédire la future réalisation.

Que la science, sortie de l'ornière, tienne d'une main sûre le flambeau chargé de guider l'humanité grandie et qu'elle aide la raison à détruire les préjugés, les erreurs, les fables et les légendes inventés par le fanatisme inconscient ou le despotisme oppresseur.

Disons-le bien haut : A la science de l'avenir appartient le pouvoir de créer la lumière capable de dissiper à jamais les ténèbres matérielles et morales de la planète que vous habitez !

III

Présages de l'unité du globe... étude de l'aviation
aérienne... distances nulles... tendance de l'égalité des sexes dans leurs droits et leurs devoirs
respectifs et réciproques.

Recueillons-nous donc pour écouter les
sourdes clameurs qui s'échappent du sein des
sociétés modernes, réclamant pour tous une
part égale de bien-être et de liberté. Entendez
ces craquements sinistres, signes certains de
la dislocation du vieux monde, sur les débris
duquel se poseront les assises du nouveau.
Ces mots de fraternité, de solidarité n'indi-
quent-ils pas les approches du régime égali-
taire qui fera de la fourmilière humaine une
famille de frères, comme il fera du globe entier une seule patrie reliée aux innombrables
patries des mondes de l'espace ?

Par le moyen des fluides, dont les propriétés
diverses vous ménagent des surprises inatten-
dues, vous réaliserez ce progrès incroyable

encore, de vous élever assez haut dans les airs pour pouvoir étudier de près les sphères qui vous entourent et les merveilles qu'elles renferment.

Les modifications apportées à votre organisation politique et sociale vous feront tout d'abord rayer de votre code les articles arbitraires et injustes dont vous rougirez tous.Les droits de la femme seront établis aussi bien que ses devoirs seront reconnus, et l'égalité du faible et du fort sera hautement proclamée.

Attendez donc avec confiance la prochaine poussée des peuples déchaînés qui opèrera l'unité, le nivellement nécessaire à la libre pensée pour germer et s'épanouir, sans que des vents contraires puissent en contrarier l'éclosion.

IV

Recherche d'une langue universelle, diplomatique
et commerciale... autonomie des peuples, prélude
de l'autonomie des climats... autonomie des communes, prélude de l'autonomie des régions.

Un des premiers résultats obtenus par l'effort des peuples devenus libres et unis sera
l'établissement d'une langue universelle, tout
à la fois claire et brève. Quelques signes suffiront pour les transactions commerciales ou les
rapports nationaux, et alors tomberont d'eux-
mêmes les rouages compliqués des administra-
tions routinières et vénales. Les forces vives
inutilement employées à leur fonctionnement
seront appliquées à de meilleurs usages, et le
constant progrès des arts et de l'industrie leur
donnera un plus fructueux emploi.

Cette unité, cette harmonie du globe obtenue
par l'active impulsion des lois morales com-
prises et acceptées, favorisera la connaissance
complète des lois physiques dont la modifica-
tion ne sera plus qu'un jeu pour vous.

Quelque étranges que vous semblent nos paroles, l'avenir vous prouvera que nous ne parlons pas en vain ; vous saurez bientôt que votre intelligence, secondée par nous, aidée par la force fluidique, peut accomplir de grandes choses ; redresser la planète sur son axe, abréger les nuits, supprimer le froid extrême ou la trop grande chaleur, en un mot, dominer ainsi les forces matérielles pour modifier les conditions défectueuses de ce séjour actuel. Cet effort collectif ne nuira pas à l'effort individuel, et l'unité du globe n'empêchera pas l'autonomie des régions, non plus que celle des communes, de s'établir et de porter ses fruits.

C'est donc à ce but élevé que nous devons tendre en travaillant à rendre la liberté aux peuples asservis ; liberté qui leur permettra de s'unir pour réaliser les réformes sur lesquelles se portent notre attention et notre espoir !

V

La terre aux terriens... le produit de la location de son sol affecté aux enfants, à la vieillesse, à la caisse de prêts des travailleurs des deux sexes... l'industrie, le commerce, les arts, les sciences aux habiles, aux actifs, aux chercheurs, au talent, au génie... le produit de l'héritage des terriens et terriennes sans enfants servira aux frais administratifs et autres de chaque région, toutes solidaires les unes des autres.

En nous servant de cette expression : la terre aux terriens, nous ne voulons pas faire entendre que chacun de vous doit se confiner sur la portion de terrain qui lui revient, et travailler à en tirer les éléments propres à sa vie. Nous voulons seulement bien établir que la terre appartient à tous, et que chacun a le droit et doit avoir la facilité de recevoir d'elle ce qui est indispensable à sa subsistance.

Établissez l'État régisseur du sol; affermez la propriété rurale aux cultivateurs; que le terrain occupé par l'industrie ou affecté à la propriété mobilisée soit taxé d'une redevance proportionnelle, et que les parties incultes ou de revenu presque nul ne soient une charge, ni pour l'État ni pour le détenteur. Le produit de ces diverses locations sera appliqué aux œuvres d'utilité publique et de philantropie sur lesquelles se porte enfin l'attention générale; protection de l'enfance abandonnée, instruction mise à la portée de tous, nécessaire assuré à la vieillesse, établissement de caisses de secours mutuels ou de prêts donnant à tous les travailleurs la sécurité et le repos.

Le progrès des sciences, des arts, du commerce et de l'industrie réclamera le concours actif de toutes les intelligences assez ouvertes pour s'y frayer une voie, la préoccupation des besoins matériels et de l'avenir n'existant plus, permettra de donner une plus grande extension au développement des facultés et des aptitudes de chacun, et le bien général s'accroîtra en raison de l'effort individuel.

L'héritage des célibataires ou des ménages sans enfants sera largement suffisant pour assurer le fonctionnement des rouages simplifiés du mouvement administratif, étant entendu que chaque région se gouvernera elle-même et que toutes seront solidaires les unes des autres, réalisant ce qui jusqu'ici a été considéré comme une vaine utopie : un pour tous, tous pour un.

VI

Développement de la loi soli daire... ses causes toutes morales... ses effets sur les humanités... son application indispensable à tout progrès.

Il est temps de vous expliquer le pourquoi de cette loi solidaire dont le nom revient si souvent dans les communications que vous recevez du monde invisible. Placés par notre nature fluidique au sein des espaces, nous apprécions d'une toute autre manière que vous, les causes et les effets des lois qui nous régissent. Sans pouvoir encore définir clairement certains problèmes de la création, il en est néanmoins quelques-uns dont il nous est possible d'étudier et de comprendre le mystère. Le point principal sur lequel se concentre plus spécialement notre attention est sans contredit la force attractive qui attire et relie entre eux les mondes crées, ainsi que leurs habitants. Nous savons que cette force puissante impose des lois que l'esprit et la matière subissent également. Eh bien! c'est par un effet de cette attraction que se forment les assemblages de molécules matérielles servant à composer le corps humain, molécules se renouvelant constamment après avoir subi l'épuration opérée par le mouvement de rotation qui leur est propre. Chaque transformation produite par la mort disjoint ces molécules qui se subtilisent et se décomposent, en attendant de servir à de nouvelles incarnations; par conséquent les atomes dont votre corps actuel est formé ont déjà servi et serviront encore à fournir l'enveloppe nécessaire aux esprits appelés à se réincarner.

Quant aux parcelles lumineuses, que vous appelez âme ou esprit, leur assemblage momentané ne les empêche pas d'avoir constitué dans le passé et de constituer à l'avenir les âmes des générations passées ou futures. D'où il vous est facile de comprendre quels innombrables liens vous unissent les uns aux autres, et la solidarité qui doit en être le résultat. Le bien que vous faites à vos frères est en réalité fait à vous-mêmes, et en aidant, par vos efforts, au travail que doivent accomplir ces parcelles et ces molécules, qui vous ont déjà appartenu ou qui doivent vous appartenir un jour, vous activez l'œuvre commune d'épuration et de reconstitution à laquelle chacun de nous doit contribuer.

La connaissance de ces vérités aidera au progrès moral de l'humanité et préparera l'unité du globe dont les forces réunies peuvent suffire à créer le levier capable de le soulever et de le porter au-delà des régions troublées où se meuvent les mondes inférieurs.

VII

Equilibre dans la vie physique par le droit satisfait
de chacun au strict nécessaire de l'existence...
équilibre dans la vie morale par l'entente possible des diverses intelligences... équilibre relatif
de la planète par le triomphe de la science sur les
éléments qui la composent.

Lorsque les vérités que nous vous faisons
entrevoir seront connues et admises, la réno-
vation physique et morale de la terre sera
près d'être un fait accompli.

L'existence matérielle assurée à tous les
terriens doit être le premier pas fait dans la
voie des améliorations. Les changemēnts
apportés dans le code arbitraire qui vous régit,
aussi bien que dans les lois défectueuses qui
vous entravent, permettront de donner à chacun la somme de bien-être et de liberté à
laquelle il a droit.

L'union des cœurs, l'harmonie des intelligences, l'entente universelle, en un mot, s'effectuera le jour où le grand principe de la

solidarité sera compris et pratiqué. Les plus favorisés sous le rapport matériel se porteront avec empressement au secours de leurs semblables moins heureux, tandis que les plus intelligents partageront généreusement leurs lumières et le résultat de leur savoir.

Comme couronnement à cette œuvre de régénération, la connaissance et l'application des forces cachées de la nature permettront d'améliorer les conditions défavorables du globe terrestre. La science de l'avenir, à l'aide des combinaisons fluidiques, réussira à diminuer les ténèbres des nuits obscures, à atténuer les extrêmes violents des saisons et à exercer sur les éléments un pouvoir aussi étendu que salutaire.

Enfin, sur la planète transformée, l'essor donné aux forces morales saura les faire triompher des lois rigoureuses qui régissent la matière.

VIII

Connaissance scientifique des fluides et de leur mode d'application.

Sur le point de vous initier aux principes élémentaires de la science fluidique, nous sommes arrêtés par diverses causes : d'abord par la crainte que le moment choisi pour cette révélation ne soit prématuré et inopportun, ensuite par les obstacles que nous rencontrons chez les interprètes de notre pensée. A l'heure actuelle la matière domine en souveraine sur la planète que vous habitez, et ses lois absolues, produites par la force d'inertie, opposent une résistance acharnée à l'avènement des lois morales amenées par le mouvement progressif de l'esprit humain. D'autre part, les cerveaux des médiums par lesquels notre pensée se traduit, ne nous offrant pas les éléments suffisants, nous craignons de ne pouvoir lui donner les développements qu'elle comporte.

Malgré ce double obstacle, nous essayons de vous faire entrevoir le système de la création, laissant à vos progrès futurs et à votre science agrandie le soin de rectifier ou de compléter ces premiers aperçus, selon la mesure de votre intelligence et de votre savoir.

Si vous nous avez suivis avec attention dans nos précédentes études, vous êtes à même de comprendre que le principe immuable de la transformation universelle et progressive des êtres et des mondes est l'unique mobile de leur raison d'être. Partis de l'infiniment petit, comme force et pouvoir, nous devons arriver à l'infiniment grand, en passant par tous les états conuus ou inconnus des corps, c'est-à-dire de la matière.

De la forme simple nous nous élevons à la forme composée ; de l'état abstrait nous passons à l'état concret, pour aboutir à l'absolu, forme parfaite qui seule peut nous permettre de pénétrer dans les régions élevées du bien, du beau, du vrai.

Nous n'avons pas à vous apprendre que les corps, en passant d'un état à un autre, subissent des lois nouvelles, produisent de tout autres effets et jouissent de propriétés différentes. Vous savez aussi que les corps réagissent les uns sur les autres et que ces réactions donnent lieu à des effets surprenants et variés. Eh bien ! dans vos travaux futurs, marchant de découvertes en découvertes, vous appliquerez aux états supérieurs de la matière les résultats obtenus par vos essais en physique et en chimie, et, procédant du connu à l'inconnu, vous obtiendrez peu à peu la solution des problèmes de la création.

Une découverte récente vous a fait connaître un quatrième état des corps qui n'est autre que le fluide ou matière radiante. Cette essence subtile possède, entre autres propriétés, le pouvoir de faire passer la matière d'un état à un autre, selon la volonté qui la dirige.

Ainsi, de simples passes, opérées par un médium aidé de la force invisible qui vous est acquise à tous, suffisent à établir un courant magnétique pouvant faire pénétrer le fluide au plus profond de vos organes. Ce fluide s'empare d'un germe morbide, le réduit à l'état liquide ou gazeux dont l'évacuation s'opère ensuite facilement et sans danger.

Lorsque le progrès de la science humaine vous aura rendus maîtres de ce merveilleux agent, vous exercerez sur vos semblables et sur vous-mèmes un pouvoir suffisant à détruire les souffrances inhérentes aux états inférieurs de la matière en travail d'épuration, et vous étendrez sur la nature entière la puissance dévolue à la force fluidique dont chacun disposera pour le bien général.

IX

Perception par tous de l'invisible au moyen d'appareils créés à cet effet.

Revenons encore sur cette transformation de la matière et expliquons-en, de nouveau, la marche continue et progressive.

Nous la voyons d'abord passer de l'état simple, représenté par les éléments inférieurs de la planète, à l'état composé dont le type le plus élevé est sans contredit l'enveloppe corporelle que nous possédons à l'état d'incarné.

De cette forme visible et saisissable, la matière épurée fait son entrée dans la forme abstraite, forme dans laquelle s'ébauche le principe intelligent. Telle est l'essence fluidique appelée à vous fournir des forces nouvelles en vous faisant jouir de ses propriétés aussi puissantes que variées.

De cet état primitif du principe intelligent ou spirituel, dérive la forme concrète qui vous est représentée par l'esprit, ou parcelles groupées, à tous ses degrés.

Nous ne pouvons qu'indiquer sommairement

ce que doit être l'absolu, c'est-à-dire la forme pure, libre de toute entrave et de tout contrôle, se suffisant à elle-même, et formant avec le divin un tout puissant et harmonieux.

Les instruments inventés par la chimie pour analyser et décomposer les corps serviront de base à la création des appareils spéciaux nécessaires à l'étude des fluides. Aidés par eux, vous arriverez à vivre avec l'invisible comme avec le visible, et vous vous rendrez compte scientifiquement de tous les phénomènes traités jusqu'ici de surnaturels et de miraculeux.

L'étude des différents états de la matière, des forces qui en dérivent, des propriétés qui leur sont afférentes et des réactions qu'ils produisent sous des causes diverses, cette étude sera pour l'humanité terrienne le point de départ d'un progrès scientifique et d'un développement moral capables de lui faire comprendre, dans toute son étendue, le merveilleux problème de ses destinées.

Vous verrez, alors, ces deux forces ou flammes, que nous avons nommées lumière et chaleur ou volonté et idéal à leur départ de l'infini, revenir à leur but, méritant de s'appeler enfin de leurs véritables noms :

Intelligence et amour !

LES FINS

I

Vie physique assurée à l'enfance, à la vieillesse, à la maladie... organisation intellectuelle, morale et récréative des peuples... indispensabilité d'un jour de repos.

Nous ne saurions trop vous répéter que le premier progrès, à la réalisation duquel doivent tendre vos efforts, consiste à assurer la vie matérielle à chaque habitant de la planète. Oter à tous les terriens les préoccupations de l'avenir, les craintes d'un chômage imposé par la vieillesse ou la maladie, tel doit être votre premier soin.

Les explications que nous vous avons données à ce sujet suffiront à vous guider dans la voie des améliorations importantes que vous ne tarderez pas à entreprendre. Nous nous bornerons seulement à vous spécifier la nécessité d'établir un jour de repos, et le soin avec lequel vous devez en régler l'emploi.

Que, dès le matin, s'organisent des conférences contradictoires où les orateurs, inscrits à l'avance, puissent discuter les points de morale ou les questions philosophiques préalablement désignés. Ces conférences publiques auront pour effet d'éclairer les masses et d'exciter parmi vous le désir du progrès et l'ardeur pour le bien. Tous les talents seront à même de se produire, grâce aux bienfaits de l'instruction obligatoire, et les tribuns seront choisis, sans distinction de sexe, parmi ceux qui auront le mieux mérité l'estime et la confiance de leurs concitoyens.

Frères! Vous pouvez accepter nos paroles avec une confiance entière, car ce que nous vous incitons à faire, nous le voyons s'accomplir sous nos yeux sur des milliers de mondes où vivent et grandissent des humanités semblables à la vôtre. Lorsque le développement de votre science terrestre vous aura mis à même de constater l'existence de ces humanités-sœurs, vous étudierez les moyens de répondre à leur appel et vous recevrez d'elles-mêmes des preuves évidentes de leur état d'avancement et de progrès.

II

Jeux de force et d'adresse pour la jeunesse des deux sexes... Concerts... chants... La musique assouplit les mœurs et les parents jouiront des plaisirs purs et de la gaîté de leurs enfants.

Loin de nous la pensée de refuser à la jeunesse les plaisirs et les délassements qu'elle réclame. Nous vous engageons au contraire, à faire, dans l'organisation du jour de repos, une place aussi large que possible aux divertissements de la famille et de la cité.

Que les jeunes gens des deux sexes s'exercent aux jeux de force et d'adresse dont la Grèce ancienne vous offre l'exemple, et que, sous les yeux des parents, les enfants se livrent aux amusements de leur âge.

Le développement des arts, le perfectionnement de la musique et du chant offriront un appoint précieux pour les distractions de ce jour et seront pour tous une source de plaisirs aussi pure que féconde. Enfin, sur la planète entière, le jour de repos également accordé et utilement employé deviendra, pour les jours de travail, un puissant stimulant et une douce récompense.

III

Après chaque jour de travail une heure sera consacrée, par les citoyens et citoyennes, à discuter les intérêts de la commune.

L'heure nous semble venue de vous initier aux principes élémentaires de votre future organisation politique et sociale. Déjà, parmi les nations civilisées de la vieille Europe, commencent à se faire jour les idées de socialisme et de liberté contre lesquelles protestaient vainement les esprits enfants et arriérés. Frères ! sachez regarder en face l'avenir vers lequel vous marchez, et que vos âmes s'ouvrent confiantes sous le souffle béni qui les effleure. Reconnaissez pour tous le droit à la propriété, et que le communisme, dans ce qu'il a de pur et d'élevé, soit accepté par vous.

Que chaque centre se gouverne lui-même, ne se rattachant aux autres que par les liens de la solidarité et de la fraternité. La force attractive qui soutient les mondes au sein des espaces, maintenant entre eux l'accord et la distance voulus, n'est que le grossier rudiment de la force motrice produite par le fluide épuré.

Cette force nouvelle, appelée à diriger vos destinées futures, aura le pouvoir de vous délivrer des chaînes odieuses sous lesquelles vous gémissez et vous élèvera un jour au-dessus des régions brumeuses où se meuvent les mondes matériels. Travaillez donc à répandre autour de vous les idées d'émancipation, de progrès et d'amour qui doivent changer la face de la terre, et que le baptême sanglant reçu par le communisme à son début soit la sève féconde, qui lui fasse produire les fruits salutaires de la fraternité et de la solidarité universelles.

Sous ce régime fait de liberté, de concorde et d'union, chacun devra fournir la somme de lumière et de talent dont il pourra disposer. Tous les capables, à tour de rôle, sans distinction de rang ni de sexe, prendront part aux délibérations publiques. Représentez-vous le temple de la sagesse, s'élevant au centre de la cité, servant tout à la fois de forum, de tribunal et d'église : C'est là que se discuteront les intérêts de la commune; c'est là que se règleront les différents; c'est là enfin que seront

assemblés, non plus les prêtres des dieux fic-
tifs inventés pour les besoins des religions
détruites, mais les sages, les savants, les philosophes, seuls véritables oracles des humanités
avancées.

IV

Religion naturelle... La partie supérieure de chaque être le guidant de l'espace... pères et mères de famille, uniques prêtres de ces dieux lares ainsi expliqués... fluide subtil leur agent pour se communiquer.., cause du mal... d'où naît le bien.

Lorsque vous aurez suffisamment étudié la composition de l'Univers et compris la place infime que vous y occupez, vous arriverez naturellement à donner une forme nouvelle à vos sentiments religieux. En effet, soit qu'à l'état d'esprit nous planions au sein des fluides, soit qu'à l'état d'incarné nous accomplissions une tâche méritoire sur une planète quelconque, notre but à tous est de nous élever de plus en plus vers les régions lointaines de l'infini. Par les aspirations de nos âmes, par les élans de nos cœurs nous attirons à nous les fluides purs, nécessaires à chacun pour l'aider à surmonter les obstacles de la route. Ces fluides nous sont fournis par les groupements supérieurs de nos dualités, intéressés à nos pro-

grès et chargés de les diriger. C'est donc à
ces frères plus éclairés que vous que doivent
s'adresser vos prières, car c'est d'eux seuls
que vous recevez les forces de l'espace suffi-
santes aux épreuves de la vie terrestre, en attendant que les aspirations ardentes de nos
vies futures nous méritent les forces souve-
raines du foyer lumineux de l'infini.

Pour cette religion, seule naturelle et vraie,
point n'est besoin de temple ni de prêtre. Chacun, au fond de sa conscience, aidé de ses
frères avancés, immolera sur l'autel du devoir
les derniers ferments de la matière en révolte.
Les pères et mères apprendront à leurs enfants à accomplir ces sacrifices méritoires et à
communiquer avec leurs guides invisibles,
véritables dieux lares de la famille et du foyer.
Oui, c'est au moyen du fluide épuré que les
désincarnés aident leurs frères de la terre à
se débarrasser des scories impures de la matière, causes du mal physique, ainsi que des
tendances mauvaises produites par les fluides
lourds de l'esprit, unique cause du mal moral.
Ce travail achevé, nous pourrons un jour, allégés de corps et libres d'esprit, entrer dans
les régions pures et élevées où règne le bien
et d'où le mal est à jamais banni.

V

Apogée du progrès moral, intellectuel et physique
de la planète.., ce que deviendra l'atmosphère...
communication entre le visible ét l'invisible avec
ou sans appareils.

Vous avez compris que votre progrès per-
sonnel, ainsi que celui de votre humanité, est
intimement lié au progrès du monde que vous
habitez. Lors donc qu'aidés par le fluide pur
fourni par l'invisible, vous aurez accompli sur
vous-mêmes les perfectionnements nécessaires, vous pourrez combiner vos efforts et
appliquer aux éléments constitutifs de votre
terre les forces actives dont vous aurez la
libre disposition.

Opposant les effets adoucis mais puissants
du fluide éthéré à l'effet brutal de la force attractive, vous la dominerez et la rendrez à
jamais votre esclave. Sachez qu'un jour vous
aurez le pouvoir de désagréger les molécules
assemblées et maintenues par elle ; ce qui vous
permettra d'entreprendre des travaux dont
l'énumération nous entraînerait trop loin.

Disons seulement que la terre étonnée verra ses collines s'abaisser, ses abîmes se combler, ses mers se solidifier, et, dans son atmosphère rendue pure et transparente, s'élèveront à leur gré les êtres diaphanes de son humanité transformée.

Alors les esprits supérieurs qui hanteront la planète, doués de sens plus étendus, jouissant de facultés nouvelles, communiqueront sans obstacles avec les habitants de l'espace.

Formant ensemble une famille de frères, ils s'aideront réciproquement à étudier les secrets et à comprendre les mystères de la création.

VI

Impuissance des données actuelles de la science
pour se faire une idée des prodiges qu'accompliront les humanités de l'avenir... quatrième période : agonie de la planète... insuffisance des
mots pour la dépeindre.

Non seulement l'état actuel de la science est
insuffisant à vous donner un aperçu des prodiges qu'accompliront les humanités futures,
mais les mots même nous manquent pour vous
les faire entrevoir.

Conduire à son apogée le progrès moral,
intellectuel et physique d'un monde par rapport à sa conformation, telle est la tâche imposée aux dualités de l'espace, et la nôtre, par
conséquent. La force fluidique, remplaçant
désormais la force attractive, donnera à nos
efforts combinés une impulsion plus énergique et plus féconde. Le travail d'épuration des
parcelles de l'esprit, aussi bien que celui des

molécules qui composent le corps humain, re-cevra une direction meilleure qui achèvera de libérer les premières des entraves de la matière et rendra les secondes claires, transparentes et lumineuses.

Son action efficace, s'exerçant sur la nature entière, aidera à l'absorption des gaz impurs et permettra l'expulsion des éléments grossiers et inutiles. A votre tour, vous lancerez dans le vide de l'espace les débris rocheux résultant de l'abaissement des montagnes; débris qui, tombant sur les mondes inférieurs, éveilleront chez leurs habitants la première idée de la vie planétaire et universelle. Cet allégement de la terre aura des conséquences d'une immense portée : ses mouvements divers se modifieront au gré de vos désirs et son redressemènt relatif ne sera plus qu'un jeu pour les humanités qui s'y emploieront.

Enfin les forces vives concentrées au centre du globe ou perdues sans profit, seront utilisées à vous créer un point d'appui moins matériel que celui qui vous supporte actuellement.

Alors les dualités reconstituées en entier, se sèntant assez de puissance pour produire la force fluidique capable de les soutenir, abandonneront au vide la terre devenue inutile et s'élanceront, libres et joyeuses, dans les plaines supérieures de l'éther.

C'est là qu'au sein de la lumière et des fluides, elles accompliront une tâche sublime en travaillant à la pénétration de leurs flammes épurées, jusqu'à ce que, devenues unités, elles puissent entrer enfin dans le deuxième degré de l'infini. Les fluides, non complètement purs, rejetés par elles au moment de cette glorieuse transformation, formeront de nouvelles dualités appelées à effectuer à leur tour le voyage de l'espace ; voyage dont nous avons précédemment étudié les phases et dont nous comprenons l'importance.

Quant aux esprits indolents qui n'auront pas achevé le travail d'épuration et de reconstitution imposé à chaque dualité, leur sort réstera lié à celui de la planète.

Ils assisteront, terrifiés, à ses convulsions suprêmes, seront témoins de son agonie, et se sentiront entraînés avec elle dans l'orbe d'un monde voisin dont elle servira à éclairer les nuits obscures, jusqu'à sa complète décomposition. Ce n'est que lorsque ses forces déclinantes leur refuseront les éléments propres à la vie, qu'ils se décideront à descendre sur des planètes inférieures. Là, nouveaux Adams, gardant le vague souvenir de leur paradis perdu, ils se feront les initiateurs des humanités enfants et recommenceront la tâche laborieuse dont ils n'ont su ni atteindre le but ni comprendre la grandeur.

FIN

Chacun pensera ce qu'il voudra, ou ce qu'il pourra, de cette doctrine dont les conséquences sociales sembleront quelque peu subversives aux économistes de nos jours. On ne pourra lui reprocher, en tout cas, de manquer d'originalité ni d'ampleur.

Pour résumer leur enseignement, et en mieux graver tous les points dans la mémoire de leurs élèves, les mystérieux professeurs ont complété leur cours par le petit catéchisme, ci-dessous reproduit, qui n'est pas le côté le moins curieux ni le moins caractéristique du *phénomène*.

E. N.

QUESTIONNAIRE

D. Qu'est-ce que Dieu?

R. Dieu, c'est l'infini.

D. Qu'est-ce que l'infini?

R. C'est le resplendissant foyer sans borne, où se meuvent toutes les forces créatrices.

D. Que sont les forces créatrices?

R. Ce sont les innombrables dualités qui perçoivent les degrés supérieurs des profondeurs lumineuses de l'infini.

D. Que sont ces dualités?

R. Elles sont les couples sans nombre, dont une partie est le vouloir, l'autre l'aspiration ou idéal; réunies, ces deux parties doivent être pouvoir.

D. Il y a donc des degrés dans l'infini?

R. Sans doute.

D. Peuvent-ils tous être gravis?

R. Jamais! sans cela ce ne serait pas l'infini.

D. Que font donc les dualités du premier degré de l'infini?

R. Deux flammes distinctes; afin de n'en former qu'une seule qui soit unité, les dualités se lancent dans l'espace pour créer.

D. De quoi sont formées les dualités?

R. Des fluides moins épurés, rejetés par les unités à chaque gravitation des degrés de l'infini.

D. Dans le deuxième degré du foyer de l'infini, existe-t il encore un travail?

R. L'infini est l'incessante activité.

D. Ce travail est-il une peine?

R. Il est une suite de saisissantes et agréables surprises.

D. Qu'est-ce que l'espace, où se lancent les dualités?

R. C'est l'immensité circonscrite par l'incandescent et resplendissant foyer qui est l'infini.

D. Que font les dualités en se lançant dans l'espace?

R. Le vouloir va résolument en avant, tandis que l'idéal, qui a sollicité ce départ, veut, éperdu et effrayé, retourner en arrière; de là le choc terrible qui les subdivise.

D. Qu'advient-il de cette subdivision?

R. Les nombreuses parcelles de chaque dualité volent, apeurées et fourmillantes dans toutes les directions, s'enfonçant aiguillonnées par la douleur dans les profondeurs sombres de l'espace.

D. Les parcelles en volant ainsi sont-elles conscientes et poursuivent-elles un but?

R. Elles se cherchent conscientes, afin de reconstituer leurs dualités respectives.

D. Le peuvent-elles?

R. C'est dans cette reconstitution que gît tout le travail de l'espace.

D. Que deviennent les parcelles ainsi dispersées?

R. Elles attirent, par leurs chaudes lueurs, les mornes atomes qui roulent inconscients dans la nuit de l'espace.

D. Qu'est-ce que l'atome?

R. Les atomes sont les infiniments petits que la force attractive fait se grouper pour former la molécule matérielle.

D. D'où vient l'atome?

R. Il est la résultante de la scorie laissée dans l'espace à chaque étape progressive des personnalités animées par une parcelle ou un groupement de parcelles, suivant son degré intellectuel.

D. Que deviennent les parcelles envahies par les atomes?

R. Elles forment de petits groupes isolés, mais lumineux.

D. Que font ces petits groupes?

R. Ils rencontrent les innombrables groupes de même nature des incalculables voyageurs de l'espace.

D. Que produit cette rencontre?

R. Des groupements entre parcelles de dualités différentes.

D. Pourquoi?

R. Parce que la peur empêchant les parcelles de distinguer leurs dualités respectives, elles se pressent les unes contre les autres pour se rassurer par le nombre.

D. Que résulte-t-il de ces groupements?

R. Des mondes lumineux.

D. Que font ces mondes?

R. Leur brillante clarté, jointe à l'ardeur de leur foyer, attire dans d'effrayantes proportions les atomes de l'espace.

D. Qu'advient-il alors?

R. Enserrés dans ces formidables tourbillons d'atomes qu'ils enflamment, ces mondes, en cherchant à se dégager, éclatent. Ils forment ainsi plusieurs mondes gazeux de différentes grandeurs, quelques-uns presque similaires.

D. La terre est elle un de ces mondes?

R. Elle en est un de moyenne grandeur.

D. Comment commença la terre?

R. Par le monstrueux bouillonnement d'un amas de matière en fusion.

D. Que font les parcelles dans ce tourbillon d'un monde en ébullition?

R. Elles appellent à l'aide toutes leurs forces créatrices.

D. Pourquoi faire?

R. Pour commencer le long et douloureux travail d'animation de la matière.

D. Pourquoi ce travail est-il long?

R. Parce que pour l'accomplir les siècles ont la durée de courtes secondes.

D. Pourquoi est-il douloureux?

R. Parce que l'inertie de la lourde et froide matière exige de qui l'anime les efforts les plus grands et les moins secondés. De là, des maux et des douleurs de toutes sortes.

D. La science n'a-t-elle pas expliqué la formation et le développement d'un monde?

R. Elle l'a fait! se bornant à attribuer ses progressions successives à un principe vital inconnu.

D. Qu'est-ce donc que ce principe?

R. Il n'est autre, que les incalculables parcelles des nombreuses dualités, parties du premier degré de l'infini.

D. Que font les parcelles, ou principe vital, au début d'un monde?

R. Elles animent successivement les infusoires, la pierre, les minéraux, les petits et les grands végétaux, puis les animaux, enfin, l'homme.

D. Ces trois règnes existant encore sur la terre, les parcelles y sont donc toujours divisées?

R. En grand nombre.

D. Pourquoi?

R. D'abord, parce que les parcelles des dualités qui animent un monde ne sont pas toutes au même degré; ensuite, parce que le sot orgueil du moi infime fait mouvoir qui s'y abandonne dans un cercle intellectuel très restreint, surtout au début d'un monde dont l'humanité est à peine en formation.

D. A quel degré de l'échelle des êtres commence le groupement des parcelles d'une même dualité?

R. A l'homme seulement il devient sensible.

D. Le travail fait par les parcelles pour reconstituer leurs dualités respectives est-il bien pénible?

R. Les peines et les douleurs actuelles en donnent une saisissante idée.

D. Le travail est-il gradué?

R. Pour se convaincre qu'il l'est, il n'y a qu'à étudier les phases progressives d'une humanité au début de laquelle les parcelles ont été perdues dans la même tourmente.

D. Qu'étudient les parcelles perdues dans la même tourmente?

R. Par le contact et le constant coudoiement de leurs sœurs de l'espace les parcelles apprennent la divine et sublime loi solidaire.

D. Qu'est-ce donc que cette loi?

R. C'est celle qui régit tous les mondes, et sans l'accomplissement de laquelle aucune dualité ne pourrait conquérir son unité.

D. Que font les dualités, lorsqu'elles sont reconstituées et qu'elles ont compris la loi solidaire?

R. Elles commencent dans les mondes fluidiques leur travail de pénétration.

D. En quoi consiste ce travail?

R. A produire, au mélange gradué de leurs flammes respectives, une lueur uniforme plus éclatante et plus pure, qui caractérise le degré de leur unité.

D. Quand les dualités commencent-elles ce travail de pénétration?

R. C'est à l'intelligence supérieure, à l'esprit élevé, au génie enfin qu'il est donné de comprendre et d'entreprendre cet important travail.

D. Quel est le premier résultat du travail de pénétration ?

R. Il donne accès dans les mondes essentiellement fluidiques qui se rapprochent de l'infini.

D. Arrivées dans ces mondes, que font les dualités reconstituées et pénétrées ?

R. Elles s'élancent, unités, dans le deuxième degré de l'infini.

D. S'arrêtent-elles au premier degré d'où elles sont parties?

R. Elles le traversent pour y laisser les bribes de fluide pas complètement épuré, lesquelles doivent former les dualités nouvelles.

D. Le travail de l'infini peut-il se concevoir?

R. Aucune conception de l'espace ne peut s'élever jusqu'à ces hauteurs; la révélation n'en est faite qu'aux unités du deuxième degré de l'infini.

D. Qu'est-ce donc que la révélation ?

R. C'est la résultante sympathique d'un groupement de parcelles assez considérables pour, de l'éther où plane ce qui est reconstitué de leur dualité, pouvoir expliquer à leurs sœurs de l'espace ce qu'elles comprennent ou perçoivent.

D. Pourquoi la révélation est-elle la résultante sympathique?

R. Parce que ce mot donne la raison d'être des inexplicables sympathies éprouvées souvent par les incarnés ou parcelles en travail d'animation de la matière.

D. De quelle façon ?

R. Par la possibilité, pour l'incarné, de se rencontrer avec des groupements de parcelles de sa dualité, ou avec des sœurs de l'espace, qui dans la même cosmologie se sont déjà connues en poursuivant le même but.

D. Quel but?

R. Conquérir leur unité.

D. A quoi donne accès l'unité?

R. Au deuxième degré de l'infini, d'où l'on peut s'élancer dans les degrés radieux où le toujours et le jamais ne semblent plus qu'une impossibilité.

D. Les personnalités se perdent-elles en reconstituant leurs dualités respectives ?

R. Rien ne se perd ; chaque personnalité de l'espace peut revêtir la forme sous laquelle elle a vécu.

D. Chaque personnalité peut-elle par le rêve ou autrement communiquer, désincarnée, avec les incarnés ?

R. Elle le peut, si leurs périsprits sont du même degré.

D. Qu'est-ce que le périsprit ?

R. C'est l'enveloppe fluidique de l'esprit incarné ou désincarné, quelle que soit la valeur de son groupement.

D. Où donc est le périsprit des désincarnés ?

R. Dans la lumière astrale, où la parcelle isolée, comme le plus complet groupement, laissent les formes sous lesquelles ils ont été des personnalités diverses.

D. Comment chaque personnalité peut-elle revêtir la forme qui lui fut propre ?

R. En se détachant de la personnalité supérieure formée par un plus complet groupement et en revêtant son périsprit.

D. Pour cela, la personnalité se détache-t-elle complètement de sa dualité ?

R. Chaque personnalité est reliée à sa dualité par un lien fluidique.

D. Quand est-ce que les personnalités laissent leurs périsprits dans la lumière astrale ?

R. Quand elles se réunissent à un groupement de leur dualité, pour former avec lui une personnalité supérieure.

D. Chaque personnalité a-t-elle son libre arbitre ?

R. Chaque parcelle même l'a, mais sensiblement modifié par sa dualité dans sa reconstitution.

D. Comment s'expliquent les brèves existences d'enfant?

R. Lorsqu'elles ne sont pas le résultat d'un dévouement, elles sont les incarnations de parcelles apeurées que leurs groupements respectifs attirent avant que leur volonté puisse s'y opposer.

D. Pourquoi leur volonté ne peut-elle s'y opposer?

R. Parce que absorbée par le travail de la matière qu'elles animent, leur volonté ne peut se produire avec assez de force.

D. Lorsqu'une humanité règne sur un monde, les parcelles animent-elles encore la pierre?

R. Les parcelles, chaleur et lumière montent toujours à la clarté.

D. Si la pierre n'a plus de parcelles, qu'est-ce donc qui la fait vivre?

R. Ce sont les gaz et les résidus des règnes supérieurs qui alimentent les règnes inférieurs ; ainsi, les minéraux vivent des résidus des végétaux et ainsi de suite.

D. Qui anime les infusoires existant encore sur un monde dont l'humanité est déjà avancée?

R. Ce sont les parcelles indolentes contemplatives qui à la mort du roc cherchent à s'échapper de la terre où elles ont dû rentrer.

D. Pourquoi n'ont-elles pas pu s'en échapper à la clarté du jour?

R. Parce que la dernière étincelle de vie du roc sort à sa base.

D. Les parcelles de la dernière heure arriveront-elles à l'unité aussi promptement que celles qui ont longuement et douloureusement travaillé?

R. La même science acquise, la même dose de travail, pour animer et faire grandir la matière, sont indispensables à chaque dualité pour conquérir leur unité.

D. Que font donc les dualités de leurs parcelles retardataires?

R. Elles les laissent en partie dans les bribes pas assez épurées qu'elles rejettent en s'élançant unités dans le deuxième degré de l'infini.

D. Que deviennent alors les parcelles retardataires laissées dans les résidus?

R. Elles deviennent les sommets transparents des deux flammes qui forment les dualités nouvelles. Ce sont elles qui s'échappent les premières des tourbillons d'un monde en formation.

D. Pourquoi s'en échappent-elles les premières?

R. Parce qu'elles repassent une leçon mal apprise et imparfaitement comprise, mais néanmoins déjà connue.

D. La conception de la parcelle isolée s'échappant de l'infini a-t-elle une raison d'être?

R. Cette conception, qui est celle de l'âme neuve, donne une étroite idée du créateur en préconisant l'égoïsme. Elle n'a pas de raison d'être.

D. Les dualités, en s'élançant du premier

degré de l'infini, ont-elles leur libre arbitre et sont elles conscientes ?

R. Oui ! il le faut absolument, pour qu'elles puissent faire grandir la matière qui n'a rien d'intelligent et de spirituel, mais une aveugle volonté.

D. Quelle loi leur est imposée ?

R. Une seule, la loi solidaire qui les résume toutes.

D. Que produit la matière élevée par l'animation des parcelles ?

R. Des fluides opaques et lourds.

D. Que font ces fluides sur un monde avancé ?

R. Leurs sommets enveloppent l'esprit, leurs bases font des ferments de vie.

D. Que font ces ferments ?

R. Le travail rudimentaire de préparation vitale à l'animation intellectuelle.

D. Alors, rien ne se perd ?

R. Absolument rien ! tout fait filiation ; tout marche vers l'infini.

D. Les ferments aident-ils au travail supérieur des dualités se reconstituant ?

R. Assurément !

D. Comment cela ?

R. En perpétuant la vie pour des mondes nouveaux.

D. Comment s'expliquent les accidents qui tranchent souvent une existence ?

Q. Ils sont dus à la dualité assez reconstituée, pour imposer à un groupement indocile une volonté plus forte et plus consciente que la sienne.

D. Ces accidents sont-ils prévus par le libre arbitre du groupement ?

R. Ces groupements ne peuvent en avoir qu'une perception indéfinie.

D. Qu'est-ce donc, en résumé, que la matière ?

R. Elle n'est autre que la fumée du foyer de l'infini, auquel elle doit retourner flamme pure.

Paris. — Typ. A. DAVY, 52, rue Madame.

9 782013 440950